亞當性愛學校創辦人、日本超人氣性治療師
《SLOW SEX》暢銷書作者
亞當德永◎著　劉又菘◎譯

慢慢愛

Slow Sex

「たった3分」からの大逆転——男の「早い」は才能だった！

讓「持久力」大幅提升的超強秘訣！

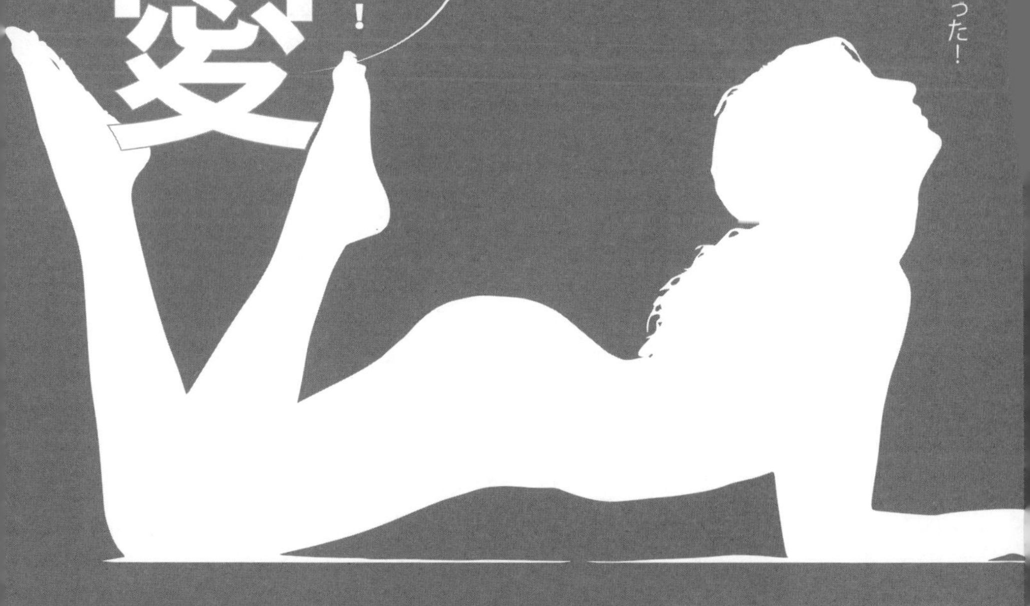

這是一本女人最想讓男朋友看的書

日本NO.1人氣作家　亞當德永
傳授你「不可或缺的技巧」！

晨星出版

推薦序

第一次接觸亞當德永（以下簡稱亞當）是從他提出的「緩慢性愛」開始，緩慢性愛的內容顛覆過往接觸過的任何性愛技巧教學書籍，並且亞當那兼具溫柔卻又針針戳入事實的語調，再搭配一件又一件的實例，讓我們一眼就愛上亞當對於性學的論述！

其中，亞當最吸引人的部分在於，他不只教「技巧」，他同時強調「性」不只是身體上體溫和體液的交流，想要擁有完美的性，更需要彼此間心靈上的投入與互動。這點可是與臉紅紅網站本身和讀者強調的精神不謀而合！男人和女人的性慾起點有著基因與生理上的不同，男人很重視視覺與觸覺，但女人卻非常需要「感覺」，作者亞當在每一次的書籍中都強調的這一點，而這一次更教導男性如何運用自身內在的力量去控制外在的表現。（聽起來似乎很玄對不對？但只要你看過內容就知道其實一點都不奇怪！）

很高興晨星再度推出亞當這本針對男性「性福」的書籍，不論男人女人都值得好好閱讀，相信男人可以從這本書得到實用技巧以及更了解女人的需要，而女人們則可以藉由這本書知道如何幫助另一半讓自己更性福！

臉紅紅網站站長

這是一本實用性很高的早洩訓練書籍。作者亞當德永將多年性愛的精華及成就編製成一套極爲實用的方法學，藉控制力來達成持續力的目標。

「時間」和「次數」的定義，通常在性醫學中很常見。因爲在以前爲了生育，「時間」和「次數」能表示性功能不會有什麼多大的問題。但現在，性不再只是爲了生殖，更多是雙方的性愉悅生活，因此，亞當德永超越了這樣的侷限，以「控制力」來說服人們，努力爲自己和心愛的人創造一個無上限的美好性愛。

愛是主體，技巧和持續力則是蛋糕上漂亮的奶油，如果，技巧不佳，控制力不好，在兩人交往一開始的過程中就容易受挫，因此亞當德永不但對性的持續力有深入的見解，對性愛中「愛」的部分也有超強的領悟力，最後，他強調，雙方若能將性的能量，在全身中以「氣」的方式做交流，以「不求回報」的心態來進行，那麼兩人的性愛才能達到既愉悅又完美的狀態。

讓我們從「慢慢愛」開始，「擁有敏感的性能量，才是性愛中眞正該有的樣子。」

嵩馥性健康管理中心
台灣第一性治療師　童嵩珍　主任

前言

首先要對拿到這本書的你說一句：「恭喜！」

突然這麼說，應該嚇到你了吧！不過，我想這句話和現在的你應該完全沾不上邊，現在的你可能對自己的早洩問題苦惱不已。因爲總是事與願違，不管怎麼做，就是無法與自己所愛的女人長久相愛，而且還有過各種慘痛的經驗，到頭來只能不斷地埋怨自己。最後抱著死馬當活馬醫的想法，而買下這本書的人應該不在少數吧?!既然這樣，爲什麼我還對你說恭喜呢？請讓我向你解釋箇中緣由。

之所以對你說恭喜的三個理由：

首先，因爲你擁有絕佳的資質。而早洩的原因，在於你對性的感受力太優越了。換句話說，就是擁有敏銳的「感受的能量（性能量）」，這一點稍後會再詳細說明。總之，性感受力的能量敏銳，這對性愛絕對具有壓倒性的優勢。現在只是因爲性感受的能量太過靈敏，而無法任由自己隨心所欲地控制才會這樣。到目前爲止，你對早洩的缺點都只是在鑽牛角尖，而沒發現你與生俱來且無可限量的潛在能力。早洩只不過是徒然浪費優越資質罷了，但只要克服早洩並加以控制，就能掌握住最強的力量。

問題是，要如何控制這種不按規矩來的敏感能量呢？其實只要看了這本書，你的早洩問題就成功一半了，這正是要恭喜你的第二個理由。這並不是聊表安慰的應酬話。而是因爲許多有早洩煩惱的男性朋友們，通常都已經試過大大小小的各種偏方了。然而，他們所承受的痛苦和遍嘗的努力卻無法收效，最後紛紛鎩羽而歸。這是爲什麼呢？因爲目前克服早洩的方法都是不正確的。以前與性相關的文字記載中所流傳的克服早洩的方法，其實都是荒誕不經、毫無科學根據的，而無法收效也是理所當然。

本書首次導入前面提及的性能量概念，並將我自創的劃時代「克服早洩訓練法」完全公開。只要遵從指示，訓練成效雖然會因每個人的狀況而不同，但絕對保證能讓大家都有一定程度的改善。我再重申一次，到目前爲止，無法成功克服早洩的原因主要在於用錯方法。具體來說，早洩既不是「不治之症」，也不是體質使然，所以你完全不需要放棄自己。只要以正確的知識和方法，確實且不間斷地持續訓練，到最後不僅能讓你擁有「持久力」，還能讓你掌握強大的力量。

看到這裡，是不是滿腹疑惑呢？爲什麼我這麼有信心地認爲你能夠克服早洩呢？原因在於本書所介紹的訓練法，完全是我自己爲了克服自身的早洩問題而研究出來的，因此我能夠清楚地感覺到在我自己身上所展現的驚人效果。

說實在的，我以前曾有相當嚴重的早洩問題。在研究出這個訓練法之前，別說三分鐘了，我連一分鐘都撐不了。來回個三次半就忍不住更是家常便飯。雖然有人提出「只接觸，忍住不射」的方法，但我的狀況卻有好幾次都是只要碰觸到就立刻出來了。如果有早洩大賽的話，我的早洩速度肯定可以成爲日本國手。連我這樣的程度都能成功克服了，那你還有什麼好擔心的呢？現在的我在享受魚水之歡時，不管是一個小時還是兩個小時，都能從容地運用技巧。

很難想像現在可以這麼輕鬆地說一、兩個小時沒問題的我，以前竟然也經歷過連一分鐘都撐不了的日子。這對那些「只撐三分鐘」的男性來說，肯定也是難以置信的，你是不是也這麼想呢？

「撐個三分鐘已經夠累人了，要兩個小時以上，這根本是天方夜譚。」有這種煩惱的男性們幾乎都有一個很大的誤解：對時間的誤解。我也曾經有這樣的想法，所以完全能體會他們的心情。要怎麼做才能忍住不射呢？其實重點並不在這裡，性愛如果需要忍耐，那麼過程肯定是不愉快的。自慰的時候，其實就能明白，重點並不是撐兩個小時都沒問題的持久力，而是想什麼時候射就什麼時候射的「控制力」。

一邊享受著比過去多上好幾倍的快感，一邊滿足自己所愛的女人，並讓彼此達到高潮才是重點所在。這並不是天方夜譚，而是擁有敏感性能量的你，眞正該有的樣子。

在過去那段早洩的日子裡，我很討厭自己，甚至一度悲慘到讓我萌生想死的念頭，可是現在我反而很感謝那一段早洩時期。爲什麼這麼說呢？因爲如果沒有那一段過去的話，我就不會察覺到「性能量」的存在了。當然，亞當德永也不會出現在這個世界上了。由此可知，性能量確實和性愛有著密不可分的關係。

第三章會詳細介紹關於「氣」和「氣功」的議題。本書提及的「氣」，指的就是「性能量」。在克服早洩的訓練或緩慢性愛的技巧上，「氣的控制」都是整體的核心重點。雖說如此，但多數男性對「氣」這個字的概念都是模糊不清，也不知其所以然。

在緩慢性愛的進行過程中，多數人會先判斷、找出問題，然後極力維持輕撫，不過這次要打破這種限制。能夠控制性能量的人，就能夠控制性愛的過程，這樣的說法絕對不是言過其實。只要能夠控制「氣」，就能把早洩的問題瞬間轉換成一種優勢，爲性愛帶來劇烈的轉變，而且不光是性愛本身，你的人生也將因此而發生極大的變化，這就是要恭喜你的第三個理由。

現在的你或許會覺得難以置信，但事實就是如此。只要「氣」控制得宜，就能掌握一個人的心情，遇事也就能從容應對。如此一來，甚至連職場競爭、惡鬥，以及需要費盡心思經營的戀愛，都會因此逐漸一帆風順。而這一切，正是邁向成功的關鍵。

我再說一次，早洩是一種資質，轉機就在於一切都得從克服早洩開始。

亞當德永

◎目錄

第1章　早洩不是不治之症

第2章　隨心所欲控制射精的技術

第3章 性愛的本質是「氣的交流」

第4章 不受制於射精的最強「高潮技術」

第5章 從身體核心來滿足性慾的技術

目錄

第6章 從性愛獲得的「男性力」能夠改變人的一生

第1章

早洩不是不治之症

直到三十七歲之前，我都只能撐一分鐘

我曾經是早洩一族的成員。

這種開場白的書，你應該是第一次看到的吧！我也從來沒想過自己居然能寫出這種類型的書。

現在我雖然掛著「性愛達人」這種尷尬的稱號，但現在這樣的自己，在三十七歲之前，卻也曾經有過別說是三分鐘，就連一分鐘都撐不了的早洩煩惱。現在才認識我的人幾乎都會出現「怎麼可能？」「假的吧？」「開玩笑的吧？」之類的反應，不過這既不是假的，也絕不是玩笑話，過去的我的確是個無可救藥的**超級早洩男**。

當時的我覺得「自己天生就是這樣的體質，治也治不好了。」因此幾乎已經放棄了。不，應該說我那時已經放棄百分之九十九了。我對自己的無力，感到絕望透頂。

我在二十四歲的時候察覺到自己有早洩的問題。而當時的對象就是我現在的太太，那也是我的初體驗。對於一位被叫做性愛達人的人，各位或許會感到很驚訝，竟然這麼晚才有初體驗。

在說早洩的事之前，就先從我不堪回首的童年開始說起吧！國中二年級的時候，應該是我有生以來第一次體驗到射精的滋味。其實已經記不太清楚了，只記得那時心中的愁緒總是如同烏雲罩頂般，對於青春期這幾個字也充滿無奈，但當時的記憶早已模糊不清了。大部分的人對於青春期的性或戀愛方面的回憶，應該都是「酸酸甜甜，又有一點苦澀的美好回憶」。不過我對青春期卻沒有難忘的感覺，甚至連怎麼達到射精的過程都記不清了。

唯一肯定的是，當時我躺在棉被上，第一次看到白色液體不斷地從陰莖的前端往天花板噴出，那股**猶如電流穿越般的快感**，遊走在我的全身，頓時一陣膽顫心驚。我的身體發生什麼事了？如今這樣的光景仍然鮮明地烙印在我的腦海裡。即使如此，我就如同大部分的男性一樣，從第一次射精的那一天開始，獨自抱持著對自慰的懵懂無知，而在父母不知情的狀況下沉溺於**射精行為**中。

當時只要想到喜歡的女同學，陰莖就會立刻膨脹起來。不過，與現在相比，性方面的資訊明顯比較不足，即使升上高中，對性知識仍是一知半解。簡單來說，我那時連把陰莖插入陰道這種天經地義的事都不知道。那麼，當我想著喜歡的女生時，是怎麼去幻想的呢？我幻想著和喜歡的女生手牽著手走在河堤小路上，之後不知怎麼地，兩個人就倒在河堤的草堆中纏綿、擁吻，接下來卻不知道要做什麼，只好又牽著手在河堤小路上往回走。整個過程就只是這樣，我就這麼反覆地妄想著如此又臭又長的情節。

對於戀愛這回事，我比別人更加傾心、熱衷，不過我卻常常一整天都只活在想像的世界裡，而背棄自己的眞性情。因此，爲了拯救自己這種扭曲的人格，我全心投入書堆中。無論什麼題材都涉獵，高中的時候喜歡文學方面的書，大學的時候則恣意讀了許多哲學或思想類的書籍。而對「愛與性」這方面的事情也變得更加投入，相關題材的作品也全都反覆地研讀。

我大部分的知識都是從書上學來的，不過讀書的同時，卻也讓我心中想像的理想愛情世界，與所謂的青春期的普通戀愛之間，距離逐漸變得越來越大，甚至無比巨大。簡單來說，我已經無法談一場平淡的普通戀愛了。大學的時候，總算開始和喜歡的女生約會了，但卻和她沒話聊。和女生談論關於某部偶像劇的某個演員很帥之類的話題時，我滿腦子都只想著這種話題到底有什麼意義？可是如果大聊一些在深奧的哲學書上看到的內容，對方卻反而完全被我吸引住。那時的我總是志得意滿，覺得自己是對的，然而現在回想起來，對於戀愛這回事，那種作爲簡直差勁到不行，而且是**無可救藥**。

像上述這種情況，我有時會覺得自己似乎逐漸與社會脫節了，其實不然。我很喜歡看脫衣舞秀，而在我的早洩故事中，至今仍無法忘懷的，就是學生時代前往位於名古屋今池的脫衣舞劇場這件事。當時一顆心小鹿亂撞地推開劇場的大門，看到那些爲了燦爛絢麗的舞台而生的舞者跳舞的姿態，瞬間我就**「硬」到不行**了。

這種狀態簡直就是「一觸即發」，根本與「只接觸，忍住不射」的原則大相逕庭。

我現在之所以能夠坦白說出這樣的窘事，是因爲我已經克服早洩的問題了，不過雖然如此，還是對此覺得相當難爲情。

當年，自覺無法站在女生立場來談戀愛的自己，經常懷疑自己會因此而結不了婚，並且爲此感到相當焦慮。於是我就把自己全權交付給善於社交的父親，讓他去幫我速配媒合，而現在的老婆就是相親認識的。

之前曾提過，和老婆第一次做愛時才發現自己有早洩的問題。事實上，從初夜開始，我就一直都是從**插入到射精，不到一分鐘就結束**的狀況。

再者，當時的自己當然還未開發出緩慢性愛的技巧，再加上認定自己的持久力不足，所以從很早以前就花很多時間在前戲上。在技巧上，我覺得相當粗糙，不過我還是努力地愛撫**整整一個小時**之久。其實這也是挺不錯的，老婆和我都能從中獲得一定程度的滿足，可是在我這方面，總覺得像是欠缺了什麼似的，沒有完全得到滿足。花了一個小時以上的時間，汗流浹背地舔遍老婆的全身，並好好地幫老婆口交，而我自己卻**只花**

一分鐘就「The End」了。

前戲一個小時vs.插入一分鐘。

你是否能了解這種失落感呢？

我在心中大聲怒喊：「我想更充分地發揮本能！」然而，即使讓老婆以騎乘式坐在上面，我那裡還是馬上就像湧出**一股熱浪般，瞬間就完全爆發**出來了。不管怎麼做，就是忍不住啊！

當時我最羨慕的就是AV男優。爲什麼他們**能夠長時間持續如此激烈的活塞運動**呢？而我卻只能一直祈禱不要出來、不要出來，小心翼翼地擺動著我的腰。因此所有的AV男優，我都視爲超人般看待。他們是天賦異稟的人，而我只是個普通人，我眞的是這麼想的。

大概是結婚不久之後，在某一次舉辦的同學會中，與朋友聊起關於性的話題時，我才眞正清楚意識到自己有早洩的問題。因爲我一直在意自己進入時間的長短，於是隨意試探性的問朋友：「大概持續了幾分鐘？」大家的答案幾乎都是「五分鐘以上」。其中還有一個猛男（這是當時我對他的感覺）若無其事地回答：「三十分鐘左右。」最後，有人問我：「那你又是幾分鐘呢？」

「我……，連一分鐘都不到……。」我誠實回答。想到當時的難堪困窘，至今我仍然無法釋懷。

既然當時就不是祕密了，而且窘也窘過了，現在就沒有什麼好隱瞞的了。從現在開始，就讓我們拋開面子或原則，好好地來解決問題吧！

以前提過我曾是個文藝青年的事，我從書中學會了各種人生道理。在某種程度上，書就像是我的老師一樣。不過，我對這老師有一些不滿，**為什麼這個世界上沒有教人如何克服早洩的書呢**？要是這個世界有一本教人克服早洩的書，而我能在更年輕一點的時候看到這本書的話，那麼在我二十多歲的那些年，一定會有完全不同的光景。為此，我感到萬分惋惜與遺憾。

我年輕時想要閱讀的書，就是現在你手上拿著的這本書。要是有時光機器的話，我眞想把這本書送到過去的自己手上。而現在我最想要的是，將這樣的心情傳遞給猶如過去的我的你。

錯誤百出的早洩克服法

飽嘗早洩之苦的男性肯定試過各種想到的方法了。在這個世界上，**各種克服早洩方法的文章、論述**，從有科學根據的，到怪力亂神的，多得數不清。

那你試過的方法有哪些呢？

在此，我想說說許多人曾經嘗試過的方法。

數著天花板上的污漬，默默背頌九九乘法，金冷法（冷熱交替法），塗抹防止早洩的軟膏，喝酒，戴兩層保險套，做愛前先打一槍，快出來的時候拉扯睪丸，用乾毛巾摩擦陰莖……等。大概就是這些了。

其中有些方法確實能夠多少延遲射精的時間。不過，要說達到克服的程度，恐怕**還有一段不小的距離**。

例如，以「數著天花板上的污漬」來說，這是一種藉由想著其他事情來轉移注意力的方法，不過在做愛的過程中，這麼做**肯定很掃興**。克服早洩的目的不就是爲了要**享受性愛的歡愉**嗎？

「金冷法」在坊間似乎是很受歡迎的早洩克服法，所以我猜想嘗試過的人應該不少。所謂的金冷法，就是在浴室裡準備裝有熱水和冷水的臉盆各一個，接著讓睪丸交替泡在裡頭。雖然這個方法很有名，不過我卻沒聽說過有成功改善的實例。我想也是啦！金冷法原本是一種回春術（增強精力），不知怎麼被曲解了，竟然變成一種好像能夠防止早洩的方法，這**無非是一種以訛傳訛**。

有早洩煩惱的男性，相信都曾各自含淚地努力嘗試過許多方法。卻總是無法達到自己所期待的效果，最後只好放棄。曾經拚命嘗試各種方法，卻全都失敗收場，這不免讓人失望，**進而放棄**，於是開始說服自己「體質原本就是這樣，所以治不好了。」而這正是讓男人喪失自信的原因。

我也曾陷入這種狀態中，經過連番的努力，卻沒有得到回報，眞的會讓人墮入絕望的深淵。

一開始，我對自己含淚努力的過程可是相當有信心的：如果讓陰莖的感覺變遲鈍，應該就能治好早洩了！我當時就以這樣的信念爲原則，一直用乾燥粗糙的毛巾摩擦陰莖的表皮和龜頭，**摩擦到都快破皮出血**爲止。眞是好傻、好天眞啊！

過了三十歲之後，我曾企圖切除龜頭背面的繫帶，因爲射精的機制與繫帶有很大的關係，這一點後面會提到。在反覆研讀克服早洩的研究論述時，我發現這件事情而覺得

「要把這多餘的肌肉給切掉」，於是拿起刀子直接就切下去。所幸刀片好像不太銳利，出血的程度讓我受到驚嚇而無法完全切斷。後來找醫生諮詢時被告誡：「這條肌肉中有神經，如果將其切斷，你的陰莖就**完全失去男性應有的機能**了。」所幸當時及時停手，才沒陷入無法勃起的危機之中。

由此可知，那時候的我有多麼無知，而且狗急跳牆。

最後一絲希望被摧毀，令我感到相當絕望。我覺得自己是一個失敗者，無法獲得大多數的一般男性都擁有的性的愉悅。

不過其實並非如此。雖然百般嘗試都沒效，但這既不能歸咎於努力不足，也不是自身體質的錯，就只是用錯方法而已。現在坊間流傳的「早洩克服法」不僅**都是不對**的，而且根本就是一派胡言。

當我開發出正確的早洩克服法，成功改善長久以來的早洩問題時，我才真正了解這個道理。本書第二章介紹的方法，就是現階段唯一可行的早洩克服法。

要是你目前仍爲了克服早洩而努力嘗試各種方法的話，請馬上停止！那些方法只會讓你更加沒有自信。

對性愛自卑，會奪走男人的自信

拿到這本書的你，現在正是克服早洩的**千載難逢大好機會**。無論如何，請相信我，別再讓機會從手中溜走。

世界上沒有任何一個人不曾感到自卑過的，現代人或多或少都有某些難以向別人啓齒的自卑之處。自卑的類型多到數不清，有身體上的，有學歷上的，有經濟能力方面的，也有家世上的……等，多數人常因爲這些自卑而感到生活不順遂或自怨自艾。雖然個人的自卑不能一概與他人比較輕重，但如果要將早洩這種自卑視爲等同於世上無數的自卑類型，似乎又有些格格不入。

我在自己經營的亞當性愛學校（以下簡稱爲學校）中，與男性學員們聊過之後，深刻體會到早洩問題「**與其說是性事上的困擾，不如說是強烈的自卑感**」使然。

早洩這種缺陷，跟跑步很慢、唱歌難聽、數學不好之類的缺陷完全是不同層次的，因爲**它會帶給男性難以估計的巨大傷害**，而其他的自卑則不然。

首先，性方面的自卑是一種「無法觸底反彈」的感覺。舉例來說，不擅長念書的話，可以往運動或音樂領域去發展，改以專業技能的道路爲目標；如果生於貧窮人家，就化悲憤爲力量，並以創業家的企圖心好好地闖蕩一番。人類在本能上就擁有能夠從谷底反彈向上的能力。自己訂下的目標若是達成，就能藉此建立信心，雖然不能斷言得以從此完全消除自卑感，但至少能夠建立自信，不需要羨慕別人。即使無法獲得巨大的成功，但還是能夠藉由對某件事的努力經驗來建立自信，並獲得某種程度上的紓解宣洩，藉此還能爲往後的人生注入一劑強心針。總而言之，既然知道自己的弱點，就應透過其他方面的積極進取來彌補。

然而，性方面的自卑卻不是如此，因爲**這種自卑無法用其他方面的成就來彌補**，而且會奪去男人的所有自信。對性毫無信心→對戀愛態度消極→沒有愛的生活→無趣的人生。你將陷入這種不幸的模式中，無法跳脫開來。

在這廣闊的世界中，存在著形形色色的人，而自暴自棄可不是一件好事。假設有一個男人，他因爲早洩而使自己過了一個慘淡的青年期，但他擁有卓越的商業頭腦，年紀輕輕就已經是擁有數百、數千名員工的一流企業家，這會是什麼景況呢？在一般大衆眼裡，他就是一個名副其實的成功者。這樣的男人在職場上自信滿滿，傲視群倫，舉手投足盡是榮華富貴，想要擁有多少年輕貌美的佳麗都不成問題。

不過，如果說他能夠因此而心滿意足的話，卻恐怕事與願違。工作上意氣風發，但私底下肯定落落寡歡。雖然身邊圍繞著無數個清麗佳人，但卻是床笫寂寥。這樣對比強烈的落差，只會讓他哀怨唏噓，**而無力改變**。

「性愛不是一切。」

我的職業與他人的床笫之事息息相關，因此常常聽到有人這麼說。沒錯！我也認同性愛不是一切的論調。將自己的人生價值建立在工作或興趣上，是很棒的事，而且有些人對性愛天生就興趣缺缺。

可是，如果拒性愛於千里之外，那麼性能力方面的自卑，是否就不存在了呢？答案是NO！你可不能低估了性慾，這是一種與生俱來的**強烈本能**，沒有人能輕揮衣袖而不沾惹雲彩。

誰都無法否定，人類是**渴望擁有愛**的生物，而且是**只有透過性才能感受到的那種愛**。如果沒有親身體驗過，這種愛是難以眞正落實的；即使沒有經驗，這種愛的需求也會深深烙印在每個人的DNA記憶裡。因此，即使一再試圖躲避性事，你也會不知不覺地陷入無法獲得理想愛情的空虛中。

早洩指的是從插入到射精的時間，與一般男性的標準比起來明顯過短。如果單純只看字面意義，的確就只是指時間的長短而已。不過，這短短幾分鐘的差距卻能將男人的自信澈底摧毀，這一點請務必了解。千萬不能抱持「不過就是早洩嘛！」的心態，而輕忽它的影響力，或抱持著「反正我就是不行」的念頭而**自暴自棄**。

而重點是性方面的自卑原是一種強大的自卑感，所以一旦克服了這種自卑，人生境遇將會產生一百八十度的轉變，並因此獲得「**最高等級的男性自信**」。

請相信我，同時請抱著破釜沉舟般的覺悟和決心，來克服早洩的煩惱。就讓我們一起開啓光明未來的大門吧！

早洩指的就是「無法控制射精」的情況

接下來我想談談早洩的定義。怎麼樣才算是早洩呢？至今爲止，早洩的定義衆說紛紜，不過大多是指插入時間的長短。

- 從插入到射精的時間在兩分鐘以內。這是指在過去六個月以上的期間中，做愛時約有百分之五十的機率曾發生過的情形。
- 在勃起不完全的狀態下，於插入前或插入十五秒以內射精。

- 插入一分鐘以內射精。
- 插入之後，在達到性伴侶期望的持續時間之前，就忍不住射精了。

這些都是在醫學方面對早洩的定義。看到這樣的定義，覺得安心的男性應該不會太多吧？

「什麼嘛！我才沒這麼快呢！沒事的！」

你如果這麼想的話，很抱歉，這是**不對**的。這些既有定義的前提，主要是考慮到生殖能力的有無。簡單來說，這只不過是指「時間如果這麼短，將會影響到生育的機能，所以有治療的必要。」當然，如果單指有無生殖能力的話，那麼只要能夠確實勃起並插入，即使插入後一秒內就射精，也是有可能讓女方受孕的。

各位知道各種動物交配的時間有多長嗎？應該有很多人聽過，牛只需要幾秒鐘的時間就能射精。除了牛以外，馬、老虎、獅子等大部分的動物，也幾乎都是一下子就射精了。快如閃電的射精速度，本來就是家常便飯，最多的也只不過撐個幾十秒而已。生於弱肉強食的自然界，野生動物必須隨時準備禦敵，否則很難生存，因此本能上以物種不滅為最優先考量。對此，雄性野生動物會有垃圾性愛或早洩的情形，這一點也不意外。

因爲性命攸關，所以牠們的腦子裡並不會出現從容享受緩慢性愛的意識。更進一步來說，在動物的世界中，挑選伴侶的主導權是掌握在雌性動物手中，雌性動物選擇雄性動物時的準則是以「強度」爲訴求。說句玩笑話，要是有性能力優越（擁有持久力）的公牛的話，牠將不會是母牛考慮的交配對象。爲了保留種系，雌性動物會精挑細選強壯的雄性動物。而在一起後，接著就透過生殖本能進行交配。

反觀人類卻與動物截然不同，其中最決定性的差異就在於，無論男女**都能了解相愛的喜悅**。人類的性愛主要有兩個目的，第一個是生殖，另一個則是一種確認彼此的愛，加深愛的羈絆，並快樂享受生活的「愛的行爲」。動物的交配目的純粹只是一種生殖行爲，但人類的性，卻有九成以上是一種「愛的行爲」。

人類的性本質上是一種愛的行爲，沒有認清這一點的男人，會發生許多問題，不過這些問題與本書主題無關，因此這裡擱置不談。

這裡要明確指出，**不到三分鐘的插入時間，幾乎無法讓女方獲得性方面的滿足**。女人的身體可不是不到三分鐘的插入時間，就能滿足的。

在目前既有的早洩定義中，有一個至關重要的缺失——「**性滿意度**」。

曾有某個女性雜誌以一千名日本女性爲對象進行問卷調查，得知女性希望的插入時間平均約爲「十五分鐘」。問卷的塡寫者對時間的要求雖各有差異，但大致上多落在十到二十分鐘之間。另外，亞當性愛學校的男性學員也塡答了這項問卷，他們平均的插入時間約爲五分鐘。這個數字雖不能做爲日本男性的標準值，但到目前爲止，從這麼多男性或女性身上所取得的調查結果來看，我認爲日本男性的平均插入時間恐怕只有五到十分鐘之間而已。就讓我們假設日本男性都能撐到十分鐘左右。雖然好像還得再加把勁，但姑且睜一隻眼閉一隻眼，就當還過得去吧！

對希望達到十五分鐘的女性來說，十分鐘的男性只差了五分鐘。你也可以當作只不過少了五分鐘而已。

接下來讓我們再看看另一個數據。根據英國的保險套製造商「杜蕾斯」（Durex）於二〇〇七年對來自世界各國的男女各五千名，總共　萬人，跨越二十六國，總計二十六萬人所進行的調查中，就包含了「性滿意度」這個項目。你覺得日本人的性滿意度到底有多高呢？答案是最後一名，日本竟然是**二十六國當中的最後一名，只有百分之十五**的人感到滿意。

前面提到過日本人的性，在理想與現實之間的差距爲五分鐘。無論插入時間是否等於性愛滿意度，但這五分鐘的差距，居然令百分之八十五的女性難以接受。

其實這個問卷的問題在於忽視「插入時間多久？」的調查方式所導致的數字陷阱。首先，插入時間是一種極爲主觀的感覺性時間，肯定沒有多少人是一邊做愛還一邊看著鐘錶的。雖然我眞的試過這麼做，即使實際時間爲二十分鐘，但只要女方問道：「你可以撐幾分鐘？」男人通常都會灌水，回答三十分鐘、四十分鐘之類的答案。而在高品質的交歡過程，生理時鐘會暫時失靈，讓人估不準時間。可是也有希望時間盡量短一點的相反例子：和某些男生做愛時，比起快感，伴隨而來的苦痛其實更多，以致於讓女方一邊做愛卻一邊想著「到底還要多久才結束」。如此一來，對時間的感覺就會變得很長，實際上明明只過了五分鐘，可是那種痛苦的感覺卻好像持續了十幾二十分鐘，令人產生**錯覺**。

另外，還有比實際時間與體感時間的誤差還要嚴重的問題，那就是做愛內容的差別，像是使用腰部之能力的強弱，或是體位變化的時機或次數恰當與否等。對持久力沒有自信的男性，幾乎無一例外，都是以延長時間做爲主要戰略。最具代表性的方式就是盡可能小心地擺動腰部，等快要出來的時候就改變體位。不過即使不斷地設法將插入時間撐到二十分鐘以上（眞的可以算得上有二十分鐘嗎？），但以這種方式撐住的男性，在之前提到的問卷調查中，應該還是會志得意滿地塡上「二十分鐘。」吧?!

即使在數字上作弊，但**在滿意度方面是騙不過女人的**。這個不斷自欺欺人，小心翼翼設法延長的二十分鐘，想要滿足覺得理想插入時間爲十五分鐘的女性，是不可能的。因爲最重要的性愛品質與女性所希望的其實有很大一段的落差。

沒有人願意承認自己有早洩的問題，男人就是這樣。

因此，大多數的男性大概就像過去的我一樣，將無論怎麼努力都撐不了一分鐘的早洩問題擱在一邊，就只會全力專注在不要射精上，「今天要撐到十分鐘」、「我只要再加把勁就能撐到二十分鐘，所以這不算早洩！」如此這般地勉勵自己，企圖保住自己的自尊。

然而，就如同前面所述，持續時間與女性的滿意度並不能直接劃上等號。因此，就讓我們一起解決對時間患得患失的迷思吧！

現在我要公布早洩的定義，請用心閱讀。

何謂早洩？

早洩指的就是「無法控制射精」的情況。

是否算是早洩，關鍵並不在於可以持續幾分鐘，而是能否配合女性伴侶的感官滿足程度或身體狀態，並**從容自在地控制射精**。

就算努力撐到二十分鐘，但在過程中只要明顯地產生「要忍住不射才行」的心態，就算是早洩了。

無論怎麼努力，最多就只能撐到三分鐘的我，與努力撐到二十分鐘的男性，的確不能一概而論。不過，努力撐到二十分鐘的，其實也不過就是「努力型的早洩者」而已。

在我的性愛學校裡，像這樣盡量努力而想讓自己維持更久一點的男性，就稱爲「類早洩者」。

「如果這樣說的話，那豈不是幾乎所有的男性都算是早洩了？」

你是否曾經這麼想過呢？其實這麼想一點也沒錯。一般來說，雖然有「日本人當中，早洩者占了七成」的說法，但實際上，除了極少數有射精遲緩的傾向者外，日本人之中有百分之九十九都算是早洩或類早洩者。

就讓我們喚醒早洩的「才能」吧！

某位知名度頗高的文學家曾被問到「世界上最難的，是什麼事情？」他回答：「了解自己。」

我之所以一開始就對你說「恭喜！」是因爲我想讓你知道，這種優越的「感受力」是你與生俱來的天賦。

到目前爲止，你是否曾對你那一插入就射精的陰莖萌生「眞是沒用」的想法？都是因爲它太遜了，才會害自己一觸即發。

這眞是**天大的誤解**啊！這樣的想法與眞相完全背道而馳。與其說是遜，不如說你的陰莖的感受力優秀得像是明星大學的學生的學習能力一樣。正因爲陰莖的感受度太好了，使得扮演管制塔台角色的大腦無法控制，才會只要給予些微的刺激，就會立刻引發強烈反應，以致於無法配合管制塔台的指令而**爆發**出來。

人類一旦產生煩惱，各式各樣的雜訊就會盤踞在在腦子裡，並且亂竄，繼而引發一場大混亂。此時唯有冷靜下來，在腦中整理一番，然後將繩結解開，這樣問題才能大致地解決。

早洩的問題和煩惱也是一樣的道理。你擁有具備超高感受力的接收器，只要進一步學會如何調整頻率和音量就行了，不過爲了要修正一直以來的價値觀，你必須先對自己優越的資質有所認識才行。

話題再回到剛才提出的感受力，感受力的源頭就是「性能量」。這個名詞接下來會出現好幾次，是個相當重要的關鍵詞。

學會一生受用的技巧

我之所以會走上經營性愛學校這條路，一開始最主要的目的是想讓所有深受垃圾性愛荼毒的女性得到救贖。「我從來沒有得到過高潮。」「自己只不過是男朋友的玩伴而已，我的處境多麼悲哀。」「做愛時痛得我受不了。」「好想在有生之年體驗到身為女人的喜悅。」凡此種種，原本理應令人愉悅的性愛，卻帶來痛苦的感受，而喪失樂在其中的幸福感，甚至讓應該被人所愛的女性覺得「為什麼我要生為女人呢？」這一切的一切，都讓我無法視而不見。

一般來說，男人為了和所愛的女性做愛，至少要學會的**必備技巧有三種**。第一種不用說，當然就是「**愛情**」了；第二種是「**學習緩慢性愛的技巧**」；第三種是「**克服早洩**」。

只要學會這三種技巧，通俗一點來說，你就算是完成升格為一個成年人的「**成年禮**」了。三十歲成年論（三十歲才算成年人），並不是指拘泥於形式化的成年禮儀式，而是應該比照「只要無照駕駛就要依法開罰」的模式，對性愛建立證照制度才是。這不是在說笑，我提出這個想法是很認眞的。

那麼，在所有的成年男性當中，具備這三種技巧的人，大概有多少呢？

「帥哥都是中看不中用」，這是現今經驗豐富的成年女性之間流傳的普通常識。外表俊秀的男性就算什麼都不做，也會有女生主動貼上去，所以對性技巧的努力不免流於怠惰。順道一提，一旦遇到這種情況，女方通常會從一開始的迷戀帥哥，轉而朝向「大老二」或「有錢人」靠攏。技巧不精進，做愛時只會一味地擺出高高在上的姿態，這種男性可是會被女性**蓋下「無可期待」之烙印**。

出乎意料地，在經驗豐富的女性之間，對於對自己的外表沒什麼自信的男性，往往反而會有「技巧很優」的好評。他們雖然不是帥哥，但卻會拚命努力地提升自己的技術。

早洩的男性在心態上很接近這樣，因為我自己也曾經是這樣的男人，所以我完全可以體會他們的心情。早洩的男人雖然在插入後會失去自信，但這個弱點只要稍微掩飾一下就行了，例如可以延長前戲的時間。

現在一般男性的前戲時間平均爲十五分鐘，不過要是只針對早洩男性做問卷調查的話，肯定輕易超過三十分鐘！雖說這樣做的動機並不單純，但是無論如何，長時間的前戲對緩慢性愛來說，肯定是助益匪淺的。而且，採取長時間前戲策略的你，想必肯定能夠達到女人冀望的愛情及格分數。

看到這裡，你差不多已經完成這三種技巧當中的兩種，剩下的就只有克服早洩這項了。

不管怎麼說，**做愛過程是性愛的最美妙之處**。盡情享受前戲，挑起女性身體的熊熊慾火，接著再插入，可是如果「只能撐三分鐘」的話，不光是你自己會覺得失落，你的所愛也無法獲得身爲女人應該擁有的喜悅。

「因爲早洩，我覺得自己簡直一無是處！」這種消極的想法實在要不得，你必須積極地告訴自己：「ＯＫ！我要再接再厲地邁向成功之路！」**這個資格是你所具備**的。

我不能輕率地說，克服早洩不是什麼困難的事情，因爲還是需要自己相當程度以上的努力才行。在克服早洩的過程中，我也曾經歷盡艱辛。不過，有一點必須和各位聲明：**為了克服早洩所做的努力，一生之中只要做一次就行了**。就如同只要學會怎麼騎腳踏車，即使有一陣子沒騎，身體還是會記住騎乘的方法。同樣的道理，早洩一旦克服了，你就能**受用一輩子**。

請學會這個受用一生的技巧，好好享受充滿自信與喜悅的人生！

不可或缺的不是持久力，而是「控制力」

如果你聽到有百分之九十九的日本人是（類）早洩，而因此放下心中的大石頭的話，那麼你可能會想，應該會有人憤憤不平地說：「別把我跟你這個只能撐一分鐘的傢伙相提並論。」進而鬆一口氣。但現在**可不是可以安心的時候**。也不是跟只撐一分鐘的人相提並論，而五十步笑百步的時候。

現在的你應該以達成新目標為標竿，奮力前進。

這個新目標就是**掌握住「超洩」的能力**。順便一提，「超洩」這個詞是我自創的。

無論如何，有早洩煩惱的男性都要先把這件事放在心上：「不管怎樣，或多或少一定要變得比過去更持久。」

類早洩

- 無法隨心所欲
- 無法專注於性愛之中
- 無法真正享受性愛之樂
- 射精後感到空虛失落

超洩

- 常常平靜以對
- 能夠連續使用正確的技巧
- 能夠享受與女性結合成為一體的感覺
- 體驗絕佳性快感的滋味

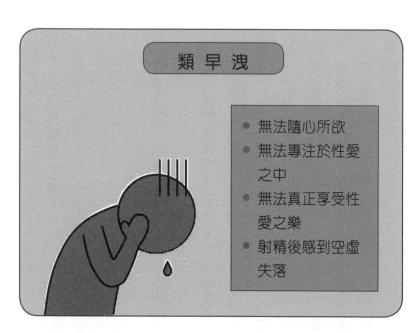

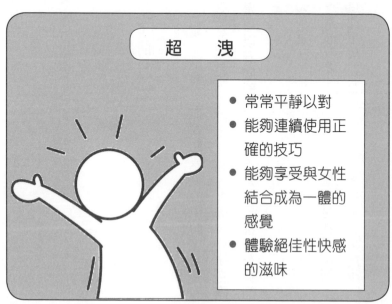

這個願望多麼符合實際需求，我完全能夠感同身受。即使只有一分鐘……，不！只要能多延長一秒鐘都好。當我處於特早洩狀態的那個時期時，我滿腦子都是這個念頭。

不過像這樣幾回折騰下來，你可能會發現，**早洩的問題似乎不僅是插入時間的長短**而已。也就是說，並不是撐得夠久就好了。從男性的立場來看，射精遲緩應該是令人羨慕的，不過這是一個很嚴重的誤解，想射卻沒辦法射的男性之苦，箇中滋味只有當事人才能深刻體會。

你需要的並不是「持久力」，而是對射精的「**控制力**」。

透過訓練就能培養出來的技巧中，持久力只是其中一項而已。而原本就擁有優越的性感受力的你，只要學會控制力就能夠**所向無敵**。至此，請將你一直以來的性愛價值觀做一次澈底的顛覆。

要能自由自在地控制射精，首先要改變的，就是對射精這件事不要太去鑽牛角尖。你不該過於在意射精，而是要把重點放在射精背後那眞正令人血脈賁張的世界。

「超洩」正是能夠讓你體驗其中的能力。

讓我們先來談談變成「超洩」之後的你，將會是什麼情況。

當一個人處於類早洩的狀況時，對性愛通常毫無自信，**充滿自卑感**。可是如果變成超洩的話，就能拋開與性愛相關的一切煩惱，並獲得身爲男人的**絕對自信**。

在類早洩的情況下，因爲沒有餘力去專注於性愛之中，所以也會疏於挑逗女性的快感。可是如果變成超洩，心境上會較有餘裕，因此能夠冷靜地觀察女性的反應，然後從容地使出各種正確技巧。

因爲有類早洩的問題，做愛時會小心翼翼地擺動腰部，因此無法隨心所欲地享受，射精之後反而充滿**失落感**。可是如果變成超洩，就不需要懷著不安，而得以透過各種體位來享受與女人合而爲一的快感，並在大爆發之後獲得眞正稱得上**絕佳快感的滋味**。

超洩的好處還有很多，不過以後再繼續聊吧！

當我處在早洩的那段期間時，我曾經痛恨自己那過度敏感的陰莖。先前曾經提過，我爲了讓陰莖的感受力遲鈍一些，而用乾毛巾摩擦龜頭的事情，這眞的完全是錯誤示範。可是即使以無法享受快感的身體來換取較長的「持久力」，你也同樣無法體**驗到性愛的眞正美妙**之處。正因爲曾經擁有連一分鐘都忍不住的特別敏感度，才能獲得超洩這種絕佳的能力，並能從中體驗到最棒的性愛幸福感。

我再重申一次，現在的你需要的技巧就只有控制力而已。此外，現在的你需要的教科書，也只有你手上的這本書。只要遵循從第一章開始的訓練方法，每個人都能擁有超洩的能力。

能夠改變人的一生的吻

我在三十四歲的時候開始從事開發性感帶的研究，這也是現在緩慢性愛的根基。儘管三十一歲時因爲夢想當一名畫家而遠渡美國，但插畫工作並不足以養活我自己，因而在洛杉磯取得按摩師的執照，以此做爲副業，開始從事按摩的工作，爲美國上流社會的女性按摩。

當然一開始並不是性方面的按摩服務，雖說如此，由於一般的按摩和高潮按摩之間的差異僅僅一線之隔，所以雖然只是普通的按摩，**還是有許多女性會被挑起感官欲望**。而在這個過程中，我察覺到女人的身體蘊藏著深不可測的性感帶，因而開始認眞研究高潮按摩。

我的按摩技術獲得廣大的好評。說眞的，那些上流社會的淑女們不止一次誘惑我。

當然，我還是謹守自己的本分。要說這是我值得驕傲的地方也可以，從二十四歲初夜過後，到三十七歲回到日本爲止，這段期間我只鍾情於我的老婆。雖然這十三年間，我**和老婆的魚水之歡一直都只有「一分鐘」**而已，這實在不是什麼值得驕傲的事。

早洩的日本男人所研究出來的高潮按摩，在美國上流社會中擁有一定的人氣，這在現在看來簡直是匪夷所思，不過也許正是因爲早洩這種自卑感，才讓我能夠全心投入於技巧的精進上。受到技巧研究成果得以精進的鼓舞，這段期間雖然沒有出軌對不起老婆，但每天都浸淫在自由國度的美國女性所展現的性慾奔放之美當中。只是在此同時，我的早洩問題卻一直沒有什麼改善，對此我幾乎放棄了。就把它歸咎於體質吧！反正不管怎麼做都沒用，這也是沒辦法的事。我當時就是這麼想的。再者，不曉得是不是自卑感在作祟，我對女性性感帶的開發反而有著超乎尋常的滿腔熱情，促使我想要認眞地研究性愛，並且想以日本女性爲研究對象。

回到日本之後，結婚以來我第一次低頭與老婆商量：

「我眞心想要從事性愛方面的研究，你會不會覺得這是一種不忠貞的行爲？」

大多數人肯定會覺得這男的很奇怪吧?!不過，我老婆卻比我還要前衛。先別說她了解我的個性，當我一說出口，她什麼也沒過問，甚至看不出有任何落寞的神情，很爽快地完全體諒我。此後，她並不是消極的默許我去做這些事，而是積極扮演協助者的角色。當我說：「我要出去找女生。」時，她就回答我：「加油，要找個好對象喔！」並偷偷塞錢給我。有時候甚至還會幫我尋找對象：「我有個朋友，是個不錯的女人，而且喪偶，你要和她見個面嗎？」

宣揚老婆的話語就說到這裡爲止吧！回到早洩這個正題。就這樣獲得老婆的認許之後，我開始進行以「一千名以上的女性」爲目標的實際體驗，不過一開始即使與不同的女性做愛，在持久力這方面始終沒有任何變化。即使用自己能夠掌握的正常體位矇混過去，但當女生在上面的時候……

「啊！等、等一下，啊啊、不行了！」

最後總是這種結果，眞是不忍卒睹。

時常聽到有人提出：「上了年紀，早洩的現象就會自然痊癒。」這樣的論調，這眞是一個天大的錯誤。當然，或許有某些男性眞的會因爲年歲增長而受惠，但早洩並不是能夠因爲年齡的增長而解決的問題。也就是說，如果**沒有經過訓練，早洩都是難以克服的**。

這個時候我突發奇想，企圖嘗試各種「錯誤百出的早洩克服法」。結果可想而知，只是一次又一次的鎩羽而歸。啊！我突然想到一件事，在被外科醫生告誡千萬不可切斷龜頭繫帶這件事之後，我並沒有就此放棄，心想：「如果不能切，那就好好伸展這條肌肉如何？」於是拚命地拉扯這條繫帶，試圖讓它盡量延長一些。各位千萬不要學，因爲這樣做只會換來劇痛，繫帶連一毫米都沒增加。

就在此時，我遇到人生的轉折點。對象是和別人搞婚外情的女生，那天和她做愛，是我**有生以來持續時間最長的一次經驗**。

做了十分鐘都還沒出來，即使過了十五分鐘，還是沒問題，這到底是怎麼回事呢？一直以來都是只要一插入，下腹部就油然而生一陣無法自制的「灼熱感」，但那一天，**灼熱感卻沒有席捲而來**。於是我就稍微得寸進尺一些，結果再怎麼激烈的活塞運動，也完全不成問題。

我一定得說，她絕對不是缺乏女性魅力，也不是對性愛無感的人。完全相反，三十五歲左右的她，無論是身體，還是對性的好奇心，又或者是積極性，都可以稱得上是處於女人最巔峰且充滿魅力的時期。這是過去的我不曾體驗過的，**濃烈且熱情如火的淫靡時光**。

一開始我以爲可能是由於某種原因，使我的體質改變了，是不是一直以來不斷嘗試的各種早洩克服法已經奏效了呢？於是，我就想和老婆再試一遍看看，當天晚上迫不及待的和老婆上床。

結果，果然還是只有一分鐘……。

什麼都沒變。於是我後來又再一次和那個女生上床，結果和先前一模一樣，還是非常持久！

這當中到底有什麼差別呢？

我拚命地想，老婆和她的差別到底在哪裡？之後我發現了一個關鍵性的差異，那就是「**接吻的時間**」。事實上，我老婆對接吻，尤其是深吻並不擅長，我們夫妻之間的床事也幾乎沒有接吻。可是，那個女生卻很喜歡接吻，總是想要來個**濃烈又充滿熱情的舌吻**。在發現這個差別的瞬間，我好像頓時領悟到過去一直困擾著我的那股熱到底是什麼東西。

「那一股熱」其實就是「氣」吧？

爲了學習按摩的技術，我曾經鑽研過針灸和瑜伽，因此也知道有「氣」的存在。其實這也挺偶然的，氣的相關知識竟然剛好和早洩的問題不謀而合。

我覺得這一點有加以驗證的價值，並對此提出一個假設：

「**射精就是氣的爆發。**」

之後我就開始不斷地反覆思考。

「那一股熱的眞面目應該就是氣，若將氣集中在某個部位，就會導致氣的爆發。」

「濃烈的激吻能夠使氣在體內循環，而蓄積在局部的氣則會出現氣的爆發，這樣才對吧？」

「若能有意識地**使氣分散，應該就能克服早洩了**！」

從此之後，我不斷獨自訓練，如果眞如上述的話，我的假設就完全可以證實了。因此，只要能夠察覺氣的存在，一開始只不過是想要更持久的我，就不僅能控制射精，還可以據此掌握得以從容控制氣的「**超洩**」能力。

因爲我要克服早洩，而偶然注意到氣的存在，接著我也提出「性愛是氣的交流」的理論，使性愛的本質得到昇華。

讀過我其他著作的人，應該經常看到「性能量」這個**嶄新的概念**，我將這種概念運用於性愛中，也就是緩慢性愛。我意識到一般人平時完全不會注意到的性能量，並進一步將其增大而得以自在地控制，藉此使性愛產生戲劇化的鉅變。

說到這裡，是否覺得話題突然變得有些深奧呢？暫且讓我們的腳步稍微緩一緩吧！

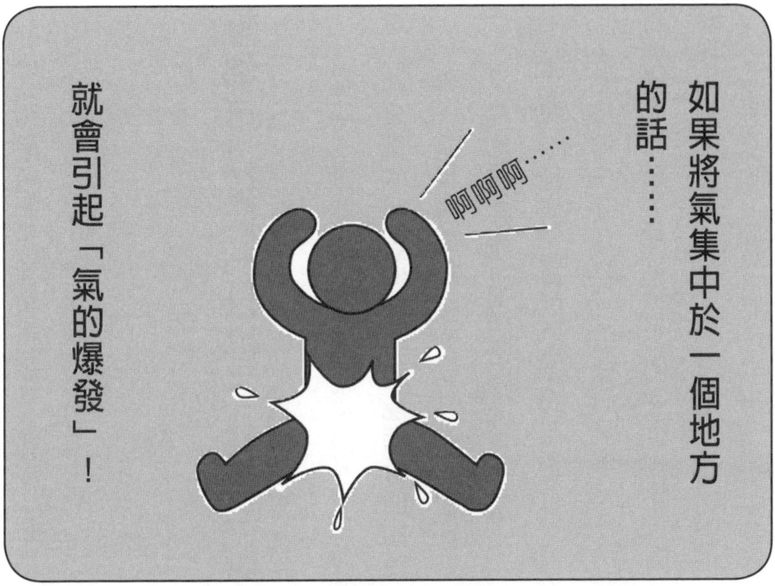
如果將氣集中於一個地方的話……
啊啊啊……
就會引起「氣的爆發」！

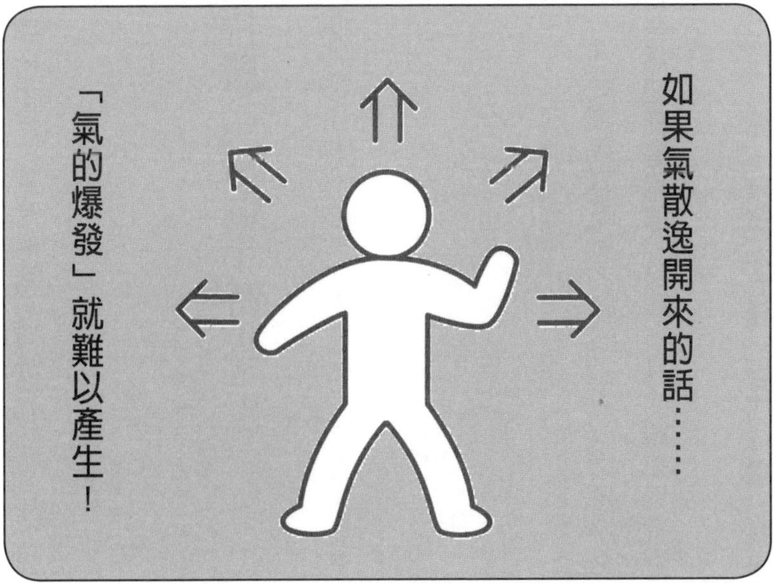
如果氣散逸開來的話……
「氣的爆發」就難以產生！

在現階段中，你可以試著記住：眼睛看不到的「氣」就是導致早洩的元凶之一，這樣就可以了。

誰都可以從「只撐三分鐘」變成持續「兩個小時以上」

從第二章開始，將陸續揭露克服早洩的具體訓練方法，這些方法是從每位男性幾乎每天都會做的**自慰過程中就能進行的訓練**。

再一次提醒即將開始接受訓練的你：

早洩**絕對是可以克服的**！

早洩不是病。我們要做的並不是去「治癒」它，而是透過訓練來克服它。

要是你一直存有「這種病治不好」，或是「這是體質的關係，好不了的」之類的認知，請從你腦子裡先將它們完全刪除，因爲**這些認知都是錯的**，這些不良的認知只會阻礙你的訓練成效。

只要採取正確的訓練方法，無論是誰，一定都能**從「只撐三分鐘」變成持續「兩個**

小時以上」，請不要懷疑。

接下來我要傳授的是抑制射精的方法。關於這個方法，你或許會感到陌生，不過訓練方式非常簡單，就是「**逐漸延長自慰的時間**」。

早洩的男性不僅是在做愛時，連自慰的時候通常也是短時間內就乖乖繳械了。延長時間並不是要你一直忍住不射，而是改以從容享受快感爲首要目標，也就是平時就要堅守「**緩慢自慰**」的原則，這正是克服早洩的第一步。

平常自慰時，如果你只花三分鐘的話，那麼就將三分鐘拉長到五分鐘，一旦達到五分鐘，就再延長到十分鐘，十分鐘之後再到十五分鐘、三十分鐘……，只要延長自慰時的享受時間，自然就能克服早洩了。

將三分鐘延長到五分鐘比較簡單，這種程度今天應該就可以立即著手進行。「將三分鐘延長到五分鐘或許很簡單，但將五分鐘延長到三十分鐘，不是很困難嗎？」你是不是這麼想呢？

一點也沒錯。到了某個階段，你應該會遇到**時間長度的撞牆期**。也許有人只能達到十分鐘，也有到了十五分鐘之後，就再也無法突破的，但你可千萬不能屈服！遇到瓶頸的時候，如果想著：「唉！我的極限就只到這兒嗎？」而因此**放棄的話，那麼一切就真**

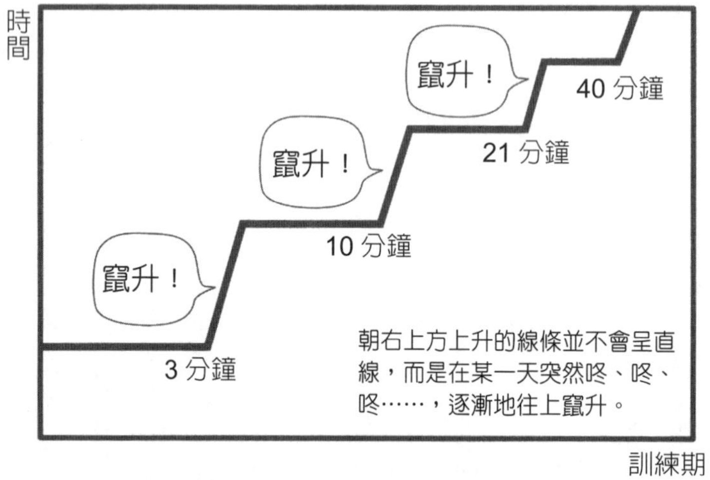

射精前的時間逐漸延長的示意圖

的到此為止了。

爲了不讓這種事發生，我將克服早洩的過程以圖表來解說。

上圖是到射精爲止的持續時間與訓練期的關係圖，朝右上方上升的線條並不是呈一直線，而是階梯狀的。

換句話說，並不是要你以三分鐘、四分鐘、五分鐘、六分鐘……，這樣的趨勢來延長射精時間，而是要像三分鐘、三分鐘、三分鐘、七分鐘（！）、十分鐘、十分鐘、十分鐘、二十分鐘（！）、二十一分鐘、二十一分鐘、二十一分鐘、四十分鐘（！）……這樣的感覺，在穩定一段時間之後，**某一天突然**就咚、咚、咚……，逐漸地往上竄升。請牢記這一點。

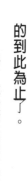

每個人的狀況不同，或許有人會在達到五分鐘之後，就遇到無法突破的瓶頸，以致往後的十天，甚至數十天都一直維持在五分鐘。但是千萬**不能就此放棄**，因爲有可能到了第十一天，或是更久之後的某一天就突然一口氣從五分鐘延長到三十分鐘。當然，並沒有規定一定得在哪一天成功突破，只要持之以恆地每天反覆訓練，一定能在某個瞬間一下子大幅竄升。

我並不是要你**忍住**快感，而是要你**享受**快感，然後再逐漸增加享受的時間長度，這就是克服早洩的基本方法。

請你每天好好享受緩慢自慰，並讓訓練持之以恆。

第1章 重點整理

- 克服早洩的目的是要享受性愛。
- 早洩會帶給男性難以估計的重大傷害。
- 早洩其實是難得的才華。只要能夠控制射精，就能掌握「真正的感官世界」。
- 早洩指的是「無法控制射精」的情況。
- 射精是「氣的爆發」。
- 「超洩」是一生受用的技巧，而且一輩子只需要學一次就行了。

第2章

隨心所欲控制射精的技術

射精的機制

本章要以克服早洩與控制射精的訓練法來講解。不過在這之前要先說明射精的機制。射精雖然不是男性的天敵，但是爲了掌握超洩能力，並且征服射精的話，還是得先視之爲敵人才行。因此，初級階段的訓練目的也比較明確。

爲了克服早洩而努力不懈的期間，我心裡一直有一個疑問：有時候在男性雜誌上看到「防止早洩的軟膏」時，我會二話不說地買下來。塗抹在龜頭上之後，龜頭的感覺確實會變得麻痺，並使陰莖感覺遲鈍。因此，我心想這次應該沒問題了，滿懷期待地和老婆做愛，然而下場卻總是「**只撐兩分鐘**，還是繳械了。」

「感覺明明已經變得遲鈍了，爲什麼還是會射精呢？」

另外，你曾有過像下面這樣的經驗嗎？就只是插入而已，都還沒開始活塞運動就「啊！不行了，要出來了！……」的經驗。我以前常常發生這種情況，**陰莖只要不拔出來就會射精**。

「陰莖明明都還沒有接受到物理性的刺激，爲什麼還是會射精呢？」

我一直在思考這兩個問題。某一天，因爲第一章中提及的接吻事件，而讓我歸納出這樣的結論：「射精指的是氣的爆發。」這就是眞相。「氣」雖然是人類肉眼無法看見的，但是它確實存在，並且時時刻刻在運作。氣可以分成許多種類，因爲性興奮而引發的這種氣，我稱之爲「性能量」。

這邊先稍微暫停一下，突然說什麼「氣」或「性能量」的，你可能會覺得一頭霧水。現在，你一定會這麼想：「我以爲早洩是可以克服的，所以才買書來看，但爲什麼現在非得跟我提什麼『氣』呢？」

看到「氣」這個字時，不光是你，我想幾乎所有的人都一樣，會在日常生活中意識到氣的存在，並對「氣」有興趣的人應該不多，有些人對此甚至還會有「矯情做作」、「有夠囉唆」的強烈**負面印象**。

我以前對於氣的存在同樣也是漠不關心。不過，和前面提到的那兩個疑問對戰的過程，我強烈地感覺到，射精或性愛中是不是也存在著既有醫學或性學無法解釋的「某種」機轉？先別說皮膚的摩擦，從下腹部席捲而來的「那一股熱」到底是什麼？因爲先前接吻的事而讓我的腦袋浮現出「氣的存在」這四個字。當然，那時候光是在腦子裡浮現這樣的想法，我都覺得實在很難以置信。因此，這頂多只能算是一種假設而已。然而，如果以「氣」爲假設來思考射精原因的話，至今爲止我所認爲不可思議的狀況，似乎就可以說得通了。

皮膚的感覺明明已經變得很遲鈍，卻還是射精了，以及明明沒有活塞運動卻射精的情形，如果將其視爲身體中所蓄積的氣無處可去而爆發出來的話，那麼一切就合理了。

我認爲其他男性應該也有過以下這類的經驗：只是想要紓解一下，A片看個一分鐘就射精；或是懷著「今天時間很充裕，可以慢慢來」的心情，輕鬆地花個二十分鐘來自慰。這兩種情況在**射精的勁道**上，有著顯著的差異。此外，舉這個例子可能會對女性有些失禮，但即使是和同一位女性做愛，在第一次和做了好幾次之後，射精的力度也是不同的。

對於這種射精勁道和強度上的差異，如果假設這是因爲「在射精之前所蓄積的性能量因總量上的差異而產生的變化」的話，那麼就能簡單地解釋清楚了。

是否眞的如此，其實你相不相信都無妨，最重要的是你必須克服早洩。請懷著「既然這樣說，那就來驗證一下亞當德永的假設吧！」的心態就好。我對氣的存在開始有實際的感受，也是在驗證的時候。

「射精的原因如果是因爲氣，那麼只要能夠控制氣就可以克服早洩了。」這樣的假設是基於我自己曾經鑽研氣功和瑜伽，並經過反覆嘗試、失敗的過程，才得以在首次克服早洩之際，實際感受到氣的存在。

早洩的原因並不在於皮膚的敏感，而是**氣的敏感**。氣是確實存在的。**男性擁有正向的性能量，女性則有負向的性能量**。光只是插入就射精的原因，是因爲你的正向性能量和女性的負向性能量接觸而**爆發**所致。性能量一旦爆發，腦中就會接收到這個訊息，並且開啓射精的閥門，然後射精。

這就是到目前爲止**都還沒有人察覺**的射精機制。

現在就談談「射精的開關」。按下腦中的射精開關的，並不只是因爲性能量的爆發，而生理上的因素也是原因之一。

男性自慰時，一般會習慣以手握住陰莖的中間部位，然後上下摩擦整個陰莖。龜頭的前端藉由位於龜頭內側，一條稱爲「繫帶」的肌肉，和陰莖體連接在一起。因此，上下來回摩擦陰莖的話，陰莖的皮膚就會跟著一起上下移動，而龜頭前端也會規律地振動，這種振動就是問題所在。事實上，龜頭前端所接收到的規律刺激會傳遞到大腦鐘，只要持續一定的次數，大腦就會自動按下射精的開關。

請牢牢記住這樣的機制。

應該鍛鍊的不是陰莖，而是「大腦」

如果將藉由性愛獲得的快感稱為一種「感受」的話，那麼**獲得這感受**的，又是哪個部位呢？答案很簡單，**就是大腦**。不過，這種透過測試就能輕易獲得正解的問題，無法從腦子裡看到，所以不知不覺就會容易出現「是皮膚獲得感受」的錯覺。

早洩難以克服的主要原因，正是這種錯覺所導致，我也是失敗好幾次之後，才領悟到這一點。之所以早洩，正是因為陰莖太軟弱了，只要鍛鍊、強化陰莖，應該就能夠忍住快感，我當時就是這樣固執地想。接著，我採用拿乾毛巾摩擦陰莖的方法，磨到好似要把最上面一層的皮膚給磨掉一樣，而在龜頭方面，也盡可能不要讓它有規律地振動，甚至用力地拉扯繫帶，試圖把它拉長。以上這些方法眞的錯得離譜，在在害慘了我的陰莖。

其實眞正獲得快感的不是陰莖，而是大腦。

後面會介紹「強化陰莖的訓練方式」。雖然掛著「強化陰莖」之名，但並不是要塑造出一根耐得住刺激的陰莖。空手道武術家為了鍛鍊拳頭而擊破石瓦或磚頭的鍛鍊，或是棒球選手不斷地揮棒，練到手掌破皮、長繭變厚。對於陰莖，你是否也有這樣的迷思呢？如果你懷著這種生理性訓練的認知，請立刻拋棄這些觀念。無論怎麼訓練，**陰莖的皮膚都不會因此而增厚**。

你不需要耐受於物理性刺激，而是要塑造能夠耐受快感的腦神經，並**使持久力提升**，這才是陰莖強化訓練的最大目的。

我所建議的陰莖愛撫法有兩個主要的特徵：第一是「**重點在龜頭**」；第二是「**輕柔地愛撫**」。以陰莖中最敏感的龜頭做爲主要的按摩部位，在充分享受快感的同時，盡量不要老想著射精。總而言之，就是要「長時間地享受快感」。

在克服早洩的訓練過程中，雖然會遇到幾個非突破不可的高牆，不過絕不會像苦行僧修行般苦不堪言。這些訓練都是經常伴隨著快感，並且相當舒服的。

此外，還有一點相當的重要，那就是應藉由「長時間地享受快感」來塑造出「**耐受快感的大腦**」。

應該加以鍛鍊的並不是陰莖，而是大腦。在訓練開始之前，請將這件事情牢牢地記在腦子裡。

擁有「持久力」是第一要務

知己知彼才能百戰百勝，這是兵法中不變的眞諦。要了解射精的機制，首先要了解敵人的眞面目。接著現在就該開始了解你自己。

達到射精的過程中，包含享受快感的「**快感區**」，現在就讓你的快感區動起來吧！興奮逐漸升高之後，接著就會觸及**射精線**。射精線的另一邊就是射精區，踩到這條線，只要再一步跨進射精區，無論是誰都再也回不去了。就算像我這樣，擁有能夠隨心所欲控制射精的超洩能力，卻也無力阻擋。只要一闖進射精區，就會如同生產線的輸送帶一樣**直奔終點**。

換句話說，想要控制射精，其方法完全取決於快感區。

所謂的早洩，可以說是指那些快感區過短的人。也就是說，只要在快感區稍微遊走一下，很快就會抵達射精線。明明體力多到不行，還想再感受一下，卻只能稍稍在快感區遊走一下，然後就走到終點，因此你會覺得沒有充分享受到性愛。

克服早洩的最終目的就是要能夠控制射精，而控制之前必須先做到的，就是將過短的快感區加長。爲此，第一要務就是在獲得控制力之前須先提升「持久力」。

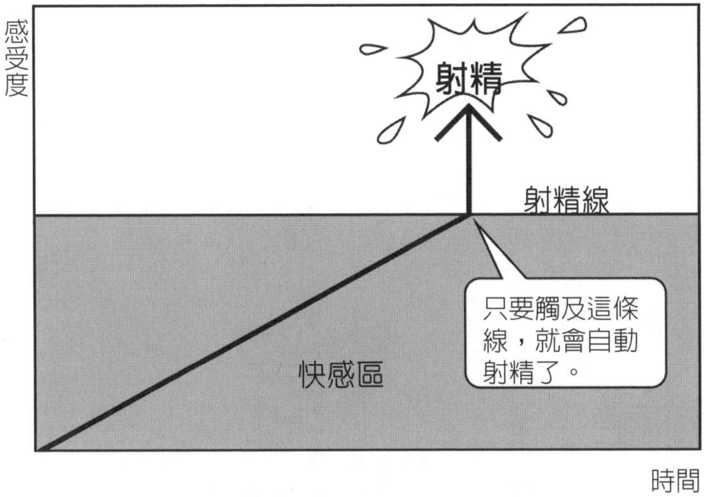

射精前的感受度示意圖

怎麼做才能提升持久力呢？無非是「鍛鍊大腦」。

若想要更能承受快感或興奮，就不要闖入射精區，並且塑造出**能夠耐受快感的大腦**。

鍛鍊大腦的方法其實很簡單，在自慰的過程中，若快要出來的時候，手就立刻離開，也就是反覆使用俗稱的「中斷射精」的方式來鍛鍊大腦。

雖然說得好像挺理所當然的，但這種方法最初也只是從一種假設開始，再經過驗證而得。雖然「只要反覆使用中斷射精的方式，應該就可以鍛鍊大腦了。」這樣的假設會應用於兼具檢查驗證的訓練之中，但在這過程中，極爲重要的驗證卻難以完成。

在這個訓練過程中，當你遇到困難時，我想我自己曾經走過的辛苦過程肯定能夠幫上一點忙。

我採用的方法是：首先，我給自己訂下「自慰至少要十五分鐘」的原則。不過，眞正開始嘗試時，「至少十五分鐘以上」的門檻，卻是**相當難以跨越**的。因爲自慰到正舒服的時候，「不行了，要射了！」的感覺，比起自我鍛鍊的決心，總能略勝一籌，因而只得向射精的慾望臣服。時間上大概只持續了五分鐘左右，中斷射精的次數頂多也只有兩到三次左右，而再也無法更進一步。因此，爲了要塑造出可以耐受得住快感的大腦，直到達成目標時間之前，中斷射精的方式無論做了十次還是二十次，都要反覆執行，繼續堅持下去。

雖然會不斷地吃鱉，但凡事一開始都是相當辛苦的，不是嗎？

即使如此，在持續訓練的過程中，你將會在不知不覺中掌握訣竅。具體來說，你會逐漸了解「再繼續下去的話，就會忍不住想射精了」的頂點在哪裡，這個頂點就是先前提及的射精線。我也是堅持到那個時候，才第一次了解這個道理。

也許你會說：「我到現在還是不太能領會**逼近射精線是什麼感覺**。」

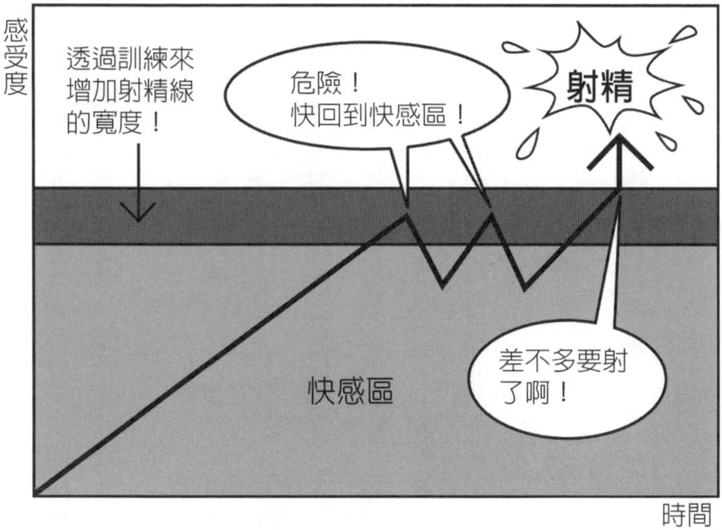

控制射精的示意圖

那麼請先回想一下前面提到的：達到射精的過程，會經過快感區、射精線、射精區。而在這之前，也許你只能理解到「因爲很舒服，所以我就忍不住了」的程度。這些有早洩煩惱的男仕們，恐怕都和過去的我沒什麼兩樣。

換句話說，關鍵就在於你就是**無法察覺**射精線的存在。因爲無法察覺，所以即使觸及射精線也不知道。那一條具有影響力的無形的線就像是不存在一樣，因此常常會在不知不覺中跨越過去，又再一次闖入射精區，之後便是「啊！我忍不住了！」

大致上，多數男性都會重複著這樣的過程，一旦跨越射精線，不光是你，就連征戰過無數女性的AV男優也**難逃繳械的下場**，因此忍不住也是理所當然的。

在我剛開始訓練的時候，中斷射精的次數只有二到三次，雖然這跟耐受快感的大腦還未被塑造完成有關，但更重要的是：「無法感受到射精線的存在，於是在不知不覺之間就闖入了射精區。」

明明得在快要不行之前停手，但卻因爲一直無法掌握自己的極限，心有餘卻力不足而無法及時煞車，只得：「啊！我不行了！」乖乖地繳械。

在中斷射精訓練的初期階段，最大的重點就是「該在哪個時候停手？」並**掌握住這個時間點**。一旦抓到這個訣竅之後，一直以來無法察覺的射精線，就能夠具體地想像出來。如此一來就沒問題了，再怎麼反覆進行中斷射精的訓練，也都不必再忍得那麼辛苦，這個訓練也能夠自然而然地長久持續下去。此外，這同時也具有強化「**持久力**」的作用。

我現在要告訴你一個能夠使你勇氣十足的事實。在反覆訓練的過程中，「射精線」會逐漸變得**更加具體清晰**，而且訓練的效果也不僅如此。只要持續不斷地訓練，這條線的寬度還會增加。這又是什麼意思呢？線太細的話，只要稍微碰到，馬上就會越線而闖入射精區。而線的寬度一旦變大的話，如果只是稍微踩到，其實只要及時收勢，還是**有**

可能回到快感區。這從控制射精的觀點來看，也是一個顯著的進步。

一開始的時候，不管訓練多少次，都還是會輸給射精的誘惑而挫敗。沒關係，我也是從這個過程中走過來的。最重要的是，失敗一次或兩次，不！就算失敗十次、二十次也不能退縮，也絕對不能因此而氣餒。正是因為反覆好幾次的失敗，不！應該說非得經過好幾次的反覆失敗，才能眞正感受到射精線的存在。

勃起與自律神經之間的密切關係

爲了克服早洩，一定要學習關於勃起與射精的性學基本知識。這裡要談的，就是與勃起和射精密切相關的「自律神經」機制。這些內容或許有一點深奧困難，但我會盡可能以深入簡出的方式解說，請讀者多加把勁。

首先，神經分爲可受意識控制而運作的體神經，與不受意識控制而運作的自律神經兩種。自律神經掌控心臟、胃、腸或發汗作用等部位、功能。

自律神經可分爲兩種，即「交感神經」與「副交感神經」。緊張或興奮時由交感神經主導，而放鬆時則由副交感神經控制。

雖然才剛開始，不過先來個小小的隨堂測驗。

Q1 勃起時，是受交感神經還是副交感神經控制？

由於陰莖處於又硬又緊繃的狀態，所以我認爲應該有很多人覺得答案是交感神經，不過正確的答案是副交感神經。說得誇張一點，被歹徒用刀子威脅的時候，你應該不會勃起吧！面對突然衝向自己的歹徒，而處於極度緊張的狀態時，是由交感神經控制的，此時陰莖處於萎縮的狀態。換句話說，如果不是在副交感神經運作下，使身心處於放鬆狀態，陰莖是不會勃起的。

第二個問題是關於射精與自律神經之間的關係。

Q2 射精的時候，是由交感神經還是副交感神經控制呢？

這次我想大家幾乎都答對了。正確答案就是射精的瞬間，陰莖處於緊張的狀態，所以是受交感神經控制。

從這兩個問題可以歸納出：想要延遲射精，關鍵就在於設法讓副交感神經處於優勢，也就是**處於放鬆的狀態**。這不光只是侷限在訓練的時候，也要隨時清楚掌握自己的狀態。

勃起要靠副交感神經，射精則要靠交感神經，請牢記這一點。接下來就開始訓練。

控制射精全靠「呼吸法」

學會了克服早洩不可或缺的基本知識之後，接下來就是射精的控制訓練。基本的訓練方法有「**呼吸法**」、「**陰莖強化法**」和「**肛門收緊法**」三種。

一開始要介紹的是這三種訓練之中最重要的「呼吸法」。雖然你很想趕快開始進行，但在這之前還是要說明呼吸法訓練的目的與效果。無論是什麼運動，即使有優秀的訓練師在身邊指導，如果本人不了解訓練的理論與意義的話，將會事倍功半。理解訓練的意義，並有意識地去進行是相當重要的觀念。

事實上，呼吸與前面提到的自律神經有著密切的關係。在呼吸上下工夫，就能讓副交感神經處於優勢，並能有意識地引導到放鬆的狀態，藉以達到抑制射精的效果。接著將基礎知識融會貫通後，依據重點來提出一些問題。呼吸分成「吸氣」與「吐氣」，何者由副交感神經控制呢？答案是「吐氣」的時候。緊張的時候，常常聽到有人建議用「大口深呼吸！」來舒緩。現在，在心情平靜的狀態下，請試著深呼吸看看。吸氣與吐氣的時間，哪一種比較久？我想應該是吐氣的時間比較久。將氣息緩慢細長地吐出，就能增加副交感神經的運作時間，而得以緩和緊張並保持在放鬆的狀態。順便一提，練習瑜伽或氣功時，爲了處於放鬆的狀態，吐氣時間比起吸氣時間，也會更加綿長。

控制射精的呼吸法訓練也是一樣的道理。

首先，就從「單點呼吸法」的訓練開始挑戰吧！這個部分很重要，所以我必須一再提醒，這是一種讓副交感神經處於優勢的呼吸法。

單點呼吸法

1. 以大約一到兩秒的短時間，用鼻子大力地吸氣。
2. 緩慢地將氣息從鼻子呼出，持續大約十二秒。

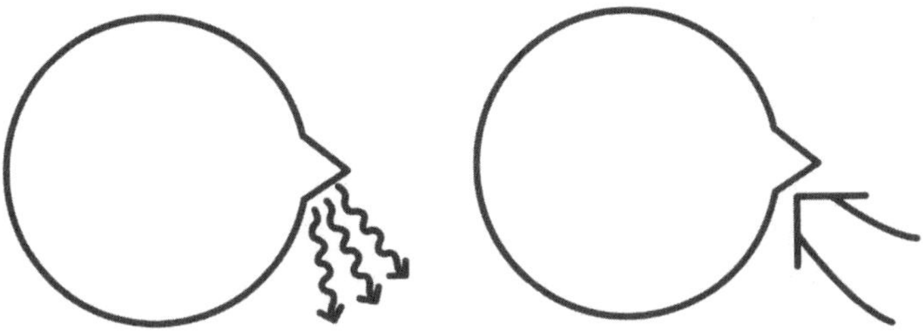

緩慢地將氣息從鼻子呼出，持續大約十二秒。

在大約一到兩秒的短時間內，用鼻子大力地吸氣。

單點呼吸法

雖然這是一種相當**簡單的訓練**，但有幾個要注意的重點。爲什麼吸氣的時間較短呢？就如同先前所說的，吸氣的時候，是由促進緊張或興奮的交感神經控制。因此，所花的時間就盡可能不要太久。儘管如此，爲了在接下來的步驟中將氣息緩慢悠長地吐出，肺裡面一定得保有充足的空氣。因此，請從瞬間內吸入充足的空氣這個步驟開始。但如果很用力地吸氣的話，可能就會覺得不舒服。對此，這裡提供一個小建議：吸氣的時候請盡量讓肺裡的空氣達到**百分之八十**左右就可以了。

在這個呼吸法中，吸氣和吐氣的時候，都要用鼻子而不是嘴巴，這也是有原因的。如果只是要讓副交感神經運作，以便處於放鬆狀態的話，無論從嘴巴或鼻子都沒關係。事實上，瑜伽或氣功都有許多不同的流派，有些不同派別會要求採用「鼻子吸氣，嘴巴吐氣」的方式。那麼為什麼亞當流的呼吸法要「從鼻子吸氣，並且從鼻子將氣吐出」呢？原因在於這種訓練的延伸，也可說是一種**性愛的模擬**，做愛時用嘴巴用力吸氣、吐氣，可能會有口臭的問題，而且不能算是一種有禮貌的舉動。因此，在訓練的階段就要習慣「**鼻子吸氣，鼻子吐氣**」的方式。

首先，請盡可能學會單點呼吸法。即使只是這種簡單的呼吸法，但只要多加反覆練習，就能達到不錯的抑制射精效果。

接下來，傳授克服早洩狀態的「控制射精呼吸法」。這是一種以瑜伽、氣功方面習得的觀念為基礎開發出來的呼吸法。這種呼吸法是以單點呼吸法的方式，再加上獨特的想像，做法相當簡單。

控制射精的呼吸法

1. 將腰部靠在椅子上，背部伸直，臉部擺正，並閉上雙眼。
2. 在大約一到兩秒的短時間內，用鼻子一次把氣吸足。吸氣的時候可以想像著頭

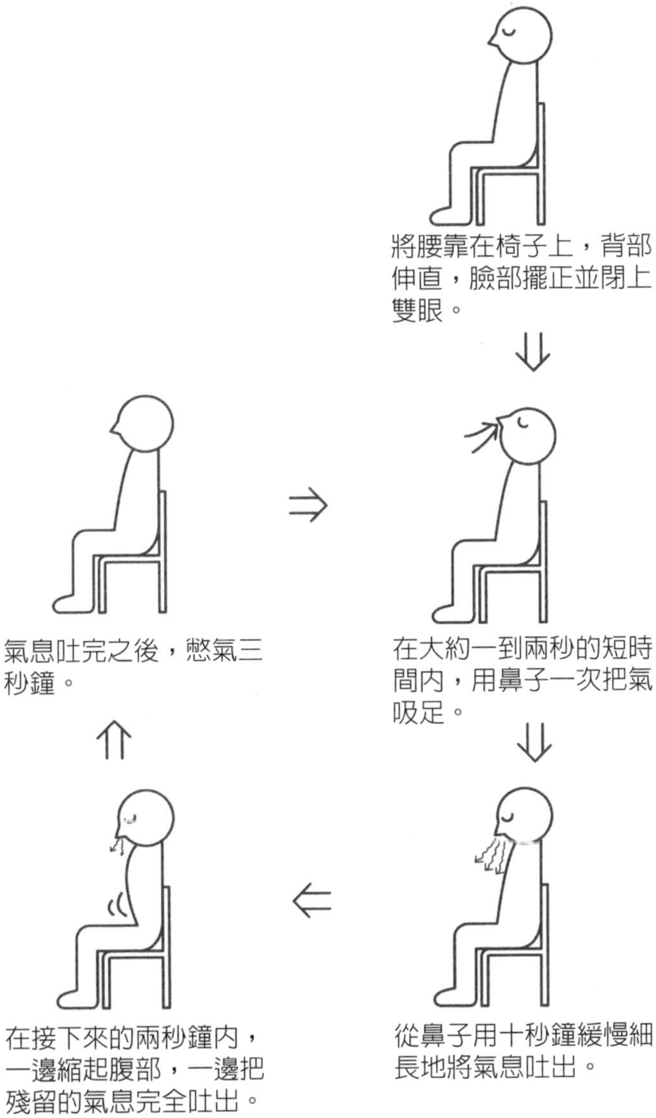
將腰靠在椅子上，背部伸直，臉部擺正並閉上雙眼。
在大約一到兩秒的短時間內，用鼻子一次把氣吸足。
從鼻子用十秒鐘緩慢細長地將氣息吐出。
在接下來的兩秒鐘內，一邊縮起腹部，一邊把殘留的氣息完全吐出。
氣息吐完之後，憋氣三秒鐘。

控制射精的呼吸法

部裡面有一顆肺臟，而我們要將從肛門吸上來的空氣經過脊椎，再往上吸到頭部裡面的肺臟。

3. 用十秒鐘的時間，將氣息從鼻子緩慢細長地吐出。

4. 在接下來的兩秒鐘內，一面將腹部縮起，一面把殘留的氣息完全吐出。

5. 氣息吐完之後憋氣三秒鐘。

6. 回到步驟2.，直到射精的慾望降低之前，反覆地進行。

【重點補充】

1. = 背部需要伸直的原因在於，處於上身垂直的姿勢時，氣比較容易往上提。

3. = 這種想像一開始可能有些難，不過要讓集中在局部的能量分散，這種想像訓練相當重要（第三章會詳述）。請反覆練習，直到掌握訣竅爲止。

爲了讓自己掌握住射精的控制力，熟練這種呼吸法是個**絕對不可或缺**的環節。雖然不需要太過焦急，但在身體熟悉、記住之前，請多加反覆練習。要使平常的自慰訓練時間**習慣化**，一旦想要射精的時候就停手，並進行呼吸法的練習。而自慰時間請盡可能至少維持在十五分鐘以上。

龜頭強化訓練

接下來介紹強化陰莖的三種陰莖愛撫法。

趕緊來介紹吧！

旋轉愛撫法

1. 以右手將龜頭充分抹上按摩油。
2. 將包皮完全推開，並以左手將它固定在陰莖根部，使包皮不致回歸原位。
3. 右手掌心張開，手心中央貼著龜頭。
4. 手心與龜頭的接觸面積盡可能擴大，用手腕來旋轉手心，並愛撫整個龜頭。

手指滑動愛撫法

1.、2. 同旋轉愛撫法。

3. 將自己的右手當作女人的生殖器，想像陰莖被一個剛好符合大小的陰道包覆住，緩慢地上下滑動。

4. 以拇指和食指所形成的圓環內側往上滑動到冠狀溝。

5. 直接用手心循序漸進地往上摩擦龜頭，以中指、無名指、小指的順序擠壓，並適度地捏緊龜頭來愛撫。

6. 往下滑動時則將上述步驟反過來。

龜頭邊緣愛撫法

1.、2. 同旋轉愛撫法。

3. 拇指和食指大約呈九十度張開。

4. 用拇指和食指之間虎口的細嫩皮膚，溫柔且小心翼翼地摩擦。不能只是局部摩擦而已，而是要愛撫整個龜頭邊緣，適度地改變手腕的角度。

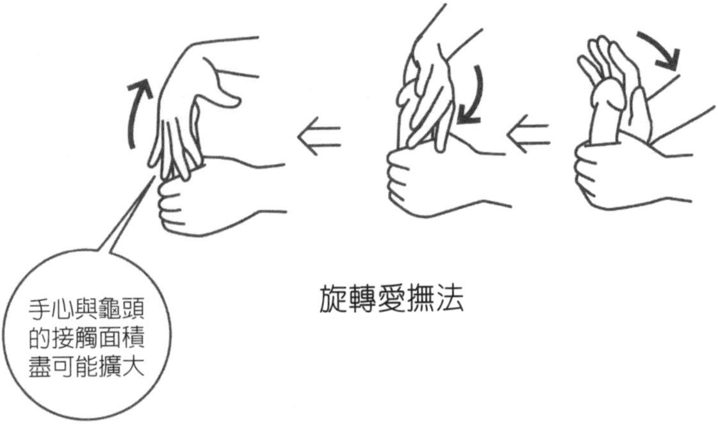
手心與龜頭
的接觸面積
盡可能擴大

旋轉愛撫法

盡量不要
握太緊！

手指滑動愛撫法

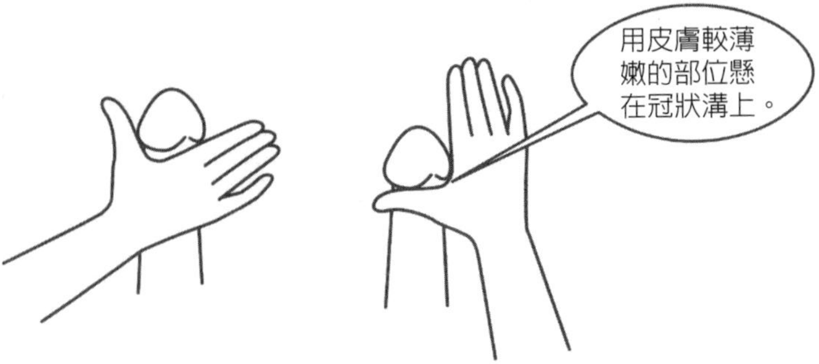
用皮膚較薄
嫩的部位懸
在冠狀溝上。

龜頭邊緣愛撫法

現在已經講解完三種陰莖的愛撫法。這些方式與你平時使用的方式相比，你覺得如何呢？一般男性在自慰的時候，幾乎都會握住陰莖，連同包皮一起摩擦龜頭，也就是龜頭、包皮、陰莖體一起集中愛撫。不僅如此，因爲過去「強力的摩擦就會舒服」的經驗法則，所以會使力地握住，並激烈地上下滑動。其實這並不是爲了獲得快感，而只是一種會**快速達到射精**的行爲。如果從緩慢性愛與垃圾性愛的分別來看的話，一般男性所做的，就是**垃圾自慰**。

接下來介紹使用上述陰莖愛撫法來做陰莖強化訓練的方式。陰莖愛撫法若與前面提到的呼吸法併用，可以讓控制力產生跳躍性的提升。

陰莖強化訓練法

1. 以前述的三種愛撫法來愛撫龜頭，保持緩慢的節奏，同時享受快感。
2. 一旦觸及射精線，動作就要及時停止，並進行呼吸法，直到射精慾被抑制下來爲止。
3. 在陰莖軟掉之前接著繼續自慰。

4. 以上步驟反覆進行，至少要持續十五分鐘以上。
5. 如果忍不住而在十五分鐘以內射精的話，就不要在意時間，留待再次挑戰。
6. 如果成功達到十五分鐘以上的話，就要繼續往二十分鐘、三十分鐘、……邁進，逐漸提升目標。
7. 習慣之後，就在未射精的時候結束訓練，並於往後逐漸增加訓練的次數。

請持續進行這項訓練，先透過做爲做愛預習的自慰，來理解**控制自律神經的感覺**。想射的話，無論幾次都要藉由呼吸法來抑制住；如果還是無法控制，就請在**能夠隨意控制射精**之前，持之以恆地繼續進行這個訓練。

在完全熟練之前的期間內，狀況會因爲每個人的個別差異而有所不同。有些人只要兩個星期左右的時間就能掌握訣竅，也有人花了半年，成效依然不彰。至於我的狀況則是，每天不厭其煩地持續訓練（而且一天還兩、三次），經過了大約三個月的時間才完全熟練。

想要像我這樣日復一日不停地持續訓練，或許是滿困難的，但一旦下定決心後，就要努力不懈地**密集訓練**。如果只是一週一次的頻率，那就別奢望會有多大的效果。

首先請以出現「改善跡象」爲目標，即使只有「從原本的三分鐘變成四分鐘」的微小變化，也能算是一個卓越的進步。你應該要抓緊「嗯？好像有一些改變了喔！」的感覺才對。就算只是小小的變化，也能確實感受到一種眞實的成功體驗，這就能帶給你訓練的喜悅與幹勁。

只要老老實實地持續訓練，一定會有所改善。這是我這個早洩的大前輩可以向你保證的事。

抑制射精的祕訣——「肛門收緊法」

接著傳授一種有助於克服早洩的祕訣。

就是「**肛門收緊法**」。

肛門收緊的時機，是在做完呼吸法之後。

「迅速地立刻吸一口氣……，緩慢細長地將氣息吐出來……」之後將肛門規律地縮緊十次。

進行肛門緊縮的動作時，由於肛門的肌肉會因此緊繃，這由交感神經控制。肛門和陰莖相互比鄰，所以交感神經的影響自然也會波及陰莖。也就是說，陰莖會因此處於緊張的狀態。

請回想一下前面提過的「交感神經與副交感神經」的理論。處於緊張狀態時，陰莖會怎麼樣呢？勃起是因爲副交感神經的運作，且處於放鬆的狀態，對吧！由於現在是相反的狀態，所以陰莖就萎縮起來了。

「吸氣、吐氣、收緊肛門。」這三個動作是一個循環，請在快要出來的時候，將這個循環做三到四次。等到陰莖萎縮之後，再接著開始愛撫陰莖。

這個過程要**反覆練習**，不是兩次、三次就夠了，而是要五次、十次、十五次地不斷反覆進行，以便學會控制自律神經的方法。

使用按摩油愛撫時會感到相當舒服，因此很快就會想要射精，一開始或許撐不到五分鐘。因此，原本能撐到三分鐘的男性，也會體驗到好像連一分鐘都撐不了般的舒服。而這正是要你訓練的原因。

此外，肛門收緊時有一點必須注意：如果緊縮過度的話，陰莖就會**完全萎縮**起來，暫時不會再勃起了。雖然這也是肛門收緊法能夠有效抑制射精的證據，但陰莖完全萎縮，對重要的訓練來說也是一大障礙。

如果肛門收緊的效果過了頭的話，請將次數從十次降低到五次，或是在適度執行肛門收緊的同時，專注於呼吸法的練習，以便調整到恰當狀態，並藉以訂出適合自己的訓練法。

雖然本書只是提供基本的做法，但只要你在了解基礎原理之後，能夠建構出適合自己的自創方法或祕訣，效果就能提升，而長久地持續訓練，則相當重要的環節。

模擬訓練時要使用裸體寫眞集

我常常會和男性學員相互交流溝通。

「自慰時儘管能夠控制得宜，但做愛時是否也能發揮出同樣的水準，是否還是沒有自信呢？要怎麼做才能排除這樣的不安呢？」

這種不安我也曾深深體會過。因爲一個人自慰與跟所愛的人做愛，**完全是兩碼子事**，感到不安是理所當然的。訓練過程中能夠做到的，在親身實踐的時候眞的也能成功嗎？會有這樣的不安，再正常不過了，而消除這種不安的祕訣就藏在運動中。以棒球爲例，傳接球和揮棒練習是棒球的基礎訓練，只要拚命訓練，就能營造出一定程度的自信心。不過，基礎訓練再怎麼重複進行，練習和比賽還是不能混爲一談。第一次正式出賽時，任誰都會緊張。「爲了團隊，一定要加油才行。」「絕對不能失誤。」心裡越是這麼想，緊張和不安就越大，因而無法發揮應有的實力。自慰和做愛的道理也是一樣。在運動競賽的世界裡，面對這種情況，通常需要進行練習賽，就是模擬正式的比賽，透過無數次的練習賽來建立自信，並**強化心理層面**。

相較於棒球，自慰的練習賽指的就是接下來要介紹的「模擬性愛訓練」。集訓時盡可能營造出接近眞實的性愛狀態，雖然不能百分之百消除不安，但還是能帶來不錯的效果。

模擬性愛訓練

1. 設定當日的持續目標時間。
2. 全裸，右手和陰莖塗抹上按摩油，準備就緒。

3. 趴在床上，上身稍微往上提。
4. 將上油的右手圈成環狀，並把陰莖插入其中。
5. 手背緊貼在床上固定好，然後手就不要再動了，只靠腰部擺動。
6. 快要射的話就透過呼吸法和肛門收緊法來迴避。
7. 目標時間達成之前，反覆進行步驟5.和6.。
8. 目標時間達成之後就直接進入射精區，充分享受快感。

這種**接近性愛正常體位的狀態**，就是模擬性愛訓練的最大重點。能夠多麼**具體地將自己的右手想像成喜歡之女子的陰道**，也是最大的焦點。

訓練時可以使用喜歡的成人影片，在此提供一個能夠強化想像力的方法，就是**活用裸體寫真集**，我會將一些寫真女郎的相片拼成自己喜歡的女性長相來使用。由於成人影片是完整的作品，所以刺激性很強，不過缺點就是想像力無法再更進一步。因此，使用寫真集反而能夠藉由想像力，來恣意地幻想到接近真實的狀態。

此外，如果喜歡的話，圈成環狀的右手也可以使用俗稱自慰套的成人用品代替。順便一提，我自己在訓練時，自慰套真的發揮了很了不起的效果。

對於模擬性愛的訓練，你可不能不當一回事而輕忽它。從客觀上來看，這或許確實相當可笑，萬一被人看到的話，眞的會很想找個洞鑽進去再也不出來了。不過，**比起不能克服早洩的困窘來，這實在不算什麼**。

早洩不能歸咎於體質，更不能因此而自暴自棄。雖說如此，但如果沒有經過一番努力，想要**克服早洩無疑是天方夜譚**。不僅是在性愛方面，所有被稱爲成功者的人，背後肯定都是經過一番努力的人。所謂的成功，就是努力的成果。

模擬性愛訓練就是「背後的努力」。

第2章 重點整理

- 陰莖強化訓練的目的，並不是要你極力忍受物理性刺激，而是「要塑造能夠耐受得了快感的腦神經，並且提升持久力」。
- 透過訓練的累積來掌握自己的射精線。
- 為了延遲射精，要注意保持放鬆的狀態。
- 勃起由副交感神經控制，射精由交感神經控制。
- 射精控制訓練可分為「呼吸法」、「陰莖強化法」、「肛門收緊法」三種。

第3章

性愛的本質是「氣的交流」

「氣的控制」將會是一種性愛革命

第二章講解的呼吸法熟練後，得以透過它來控制自律神經的話，光靠這樣就足以抑制射精了。然而，就如同「射精的機制」中所說的，射精是「氣」的爆發。因此，對氣相當敏感的男性只要受到自律神經的控制，就會出現一道怎麼樣都**無法跨越的高牆**。即使如此，我還是希望你務必遵循接下來的步驟，以學會**控制氣的能力**。如此一來，透過控制集中在陰莖周圍的氣，並使其流貫全身，就能完全克服早洩。

在說明氣之前，爲了讓你了解氣的存在，我想先請你試試一個簡單的實驗。

首先，請將左手掌心打開，並以右手食指和中指的指尖接近左手掌心的正中間，距離越近越好，但不要碰觸到。像這樣保持不動，接著右手中指微微轉動。有感覺到什麼嗎？如果是對氣的感覺敏銳的人，就會有明明沒有碰到，卻有**像是搔癢一般的感覺**。

這種感覺有些人可以明顯感受到，但也有什麼感覺也沒有的人。透過這樣的嘗試就能明白，氣是一種非常微弱的能量。如果你一點感覺也沒有，那是因爲你還沒開始訓練，所以不需要在意，只要了解這種纖細的感覺是不可或缺的，這樣就夠了。

每個人都擁有「氣」，可是它究竟是什麼呢？我把它想成是一種肉體與精神之間的能量。平時經常聽到的「氣力」，或是讓人有「元氣」，給予「勇氣」之類的說法，指的就是氣的能量。體內的氣一旦不足的話，就沒有元氣，就成了「氣弱」，嚴重時容易導致「疾病」。**用車來比喻**的話，可以把氣想成相當於車子的汽油，**人類活動時的能量來源**就是氣。如果覺得「有氣無力」的話，就好比車子的汽油快耗盡了。

氣的作用還不僅止於此，它還能「將心和身體連繫在一起」，氣就是連繫心靈與身體的媒介。因此，如果**能夠自在地控制氣，自然就能夠控制射精**了。

此外，氣真正的厲害之處在於它具有如同電波那樣，**能在人與人之間飛竄**的特質。氣所擁有的「心的能量」、「連繫身心的媒介」的作用，不只會影響自己，也會感染到其他人。換句話說，氣也能傳遞給自己以外的對象，並讓自己和對方的心靈或身體相互連結。

以性愛來說，只要能夠控制氣，就能**透過氣來挑逗女性的感官**。

氣可以分成幾種。我將性興奮或引發感官慾望時所增強的氣稱爲「性能量」。接下來就說說和性能量相關的種種。

人類的身體經常會散發出性能量，散發力特別強的部位包括**手指**、**手心**、**舌尖**、**生殖器**等。

對氣敏感的女性之中，有些幫伴侶口交到快要射精時，會令她們產生「臉上好像有什麼東西一樣」的感覺。也有不少女性雖然沒這麼敏感，但只要含著陰莖就覺得舒服的，這是因爲女性會對男性所發出的性能量產生反應所致。這一點從嘴裡含著按摩棒時，並不會發生同樣的狀況即可證明，因爲沒有生命的按摩棒不具有性能量。

前面說過，早洩其實是一種才華。之所以早洩，是因爲男性所擁有的性能量很強，並對性能量很敏感的證據。這裡還要提出一項事實，那就是相較於男性與女性，**女性對性能量的敏感度遠勝過男性**，與性能量較強的男性做愛時，光是「氣」就能夠挑起女性的感官慾望了。這種性別差異上的不可思議，只能說這是女性以「承受的性」所傳承到的先天才能。

男性對於自己未曾親身體驗過的事情，通常不太會相信。性能量這種概念完全無法運用於現有的性愛之中，所以你無法實際體驗性能量的存在，也是理所當然的。我也是如此，我之所以能夠這麼說，是在我擁有能夠控制性能量的經驗之後，才有感而發的。

然而雖說如此，到目前爲止，就算你有看過因爲性能量而被挑起感官慾望的女性，應該也不曾眞正親身體驗過吧？光是牽著喜歡的女生的手，身體內就好像有電流遊走一般的感覺；光是和喜歡的女生擁抱，身體就會發熱……。這種現象就像是性能量的惡作劇一樣，而這些感覺都是性能量在作祟。

如果你一心想要「克服早洩」，那麼請從接下來的性能量控制法開始訓練。透過這個訓練，能夠讓你意識到性能量的存在，並且自然地感受到以往不曾有過的體驗。到了這個時候，你就能爲你的性愛掀起一場革命。

爲了自己，也爲了所愛的女人，請釋放你所擁有的高強度性能量吧！

迴避射精的「性能量」控制法

每個人都擁有「氣」。即使是既沒有「氣的概念」，也無法察覺「氣的存在」的人，他體內的「氣」依然無時無刻、消消長長地運行著，就如同血液不斷在體內循環一樣。如果因爲某種原因導致某一段血管阻塞，必然會給身體帶來不良影響。

氣也是同樣的道理。「氣的循環」一旦惡化，精神狀態也會跟著惡化，必要的時候就會感受到壓力，只要發生一點小事就容易情緒低落，變得憂鬱。此時如果再進一步惡化的話，就會削弱身體的免疫系統，使抵抗力降低，給身體帶來不良影響。

早洩的原因其實也和氣的循環滯留有關。看到全裸（視覺）的女性；聽到女性的喘息聲（聽覺）；摸到女性的胸部（觸覺）；陰莖受到刺激（觸覺）時。這些性資訊會傳送到大腦，性能量也會因此**不斷增強**。除了前戲的階段之外，即使只是約會，體內的性能量也會持續不斷地增加並累積。

有所增加的性能量，都具有聚集在陰莖四周的特質，下腹部變熱也正是這個原因。之所以無法控制射精，是因爲氣的循環不順暢，使蓄積在陰莖周圍的性能量無法轉移到其他部位，只能集中於一處，接著就會像是打翻水杯一樣一發不可收拾。

有意識地讓集中於局部的性能量**流散到身體的其他部位**，就能抑制射精了。若能以自己的意志來隨意控制這股性能量，就能夠克服早洩。

要控制性能量並不是一件簡單的事，必須要有相應的鍛鍊，並且持續一段時間之後才行。我自己一開始也是密集訓練好幾個月之後才熟練，不過現在想起來卻覺得「只是幾個月的時間而已」。無論過程如何艱辛，原本極爲慘淡、黑白的性愛，如今**變得鮮艷亮麗**，絕對是值回代價的。

控制性能量的呼吸法，重點在於意識到氣的所在位置的方式與想像力。

氣的累積

隨心所欲地讓氣運行的能力，並不是可以一步登天的，需要經過幾個步驟的練習。第一個步驟和「氣的聚積」這種感覺有關。

訓練的一開始，請試著將氣聚在**丹田**、**會陰**、**薦骨**三處。下面是這些部位的說明：

丹田：位於肚臍下方三指處。這是人的身體中，氣最容易聚積的部位，也稱為「氣海」，這是這項訓練中最重要的部位。

會陰：大致位於睪丸與肛門中間，也稱為「會陰部」。

薦骨：位於尾骨正上方的心形骨頭。當中指指尖觸碰尾骨至腰部時，剛好能夠以手心接觸的部位。這裡也可以說是「性能量的發電所」，也就是製造性能量的部位。

了解這些部位之後，接著就開始進行聚氣的訓練。

首先從「將氣聚集在丹田」開始。這個時候要使用名為「武息」的呼吸法（編註：

氣功可分爲動功和靜功。動功即武息，指的是調息吐納的方法，也就是氣隨意而起，兼顧經絡氣脈走向的方法），你可以把它想成是腹式呼吸的加強版。

武息呼吸法

1. 一面緊縮下腹部，一面想像著將體內累積的惡氣吐出，同時吐氣。
2. 下腹部放鬆，緩慢地用鼻子吸氣，使下腹部自然膨脹起來。
3. 吸完氣之後立刻呼氣。一面讓下腹部往內縮緊，一面緩慢地將氣息吐出來，吐氣的時間應該比吸氣的時間還要長。

練習武息的時候，要讓全身放輕鬆。背部或胸口若是有疼痛的感覺，就表示上半身過度使力。肚臍下方的下腹部就是呼吸時膨脹與內縮的部位。如果還不習慣，可用兩手各自貼在上腹部與下腹部，練習只讓下腹部使力。此外，練習武息時，在意識上應想像著「**由外吸取優良清新的氣**」，而不是一般的氧氣與二氧化碳之間的轉換。

現在就開始一邊練習武息，一邊將意識集中於丹田部位。只要氣開始有所聚積，丹田就會產生「溫暖」、「熱」的感覺。

意識集中最主要的重點在於「**隨意且近乎發呆的意識**」。這聽起來或許有些矛盾，但如果一直死命想著「聚積、聚積、快點變熱！」的話，反而會適得其反。舉例來說，利用眼睛視角差異的「隱藏文字或浮雕畫的畫集」，如果過度執著於「快要看到了、快要看到了」的思維，往往反而無法讓文字、圖案浮現出來。然而若是處於像是想睡覺時的近乎發呆的放鬆狀態，反而比較能夠清楚地感受到。這聽起來可能有點深奧，不過重點就在於盡量「**以接近無意識的狀態來意識**」。

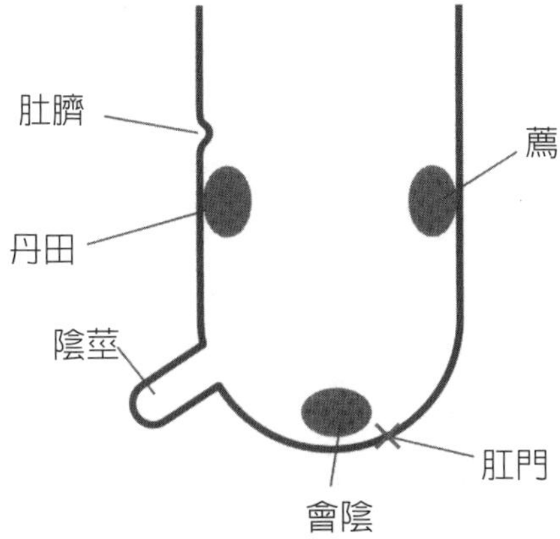

聚氣的部位

事實上，我在這裡也是下了不少苦心，才有現在的成果。在所有步驟之中，最辛苦的就是「將氣積聚於丹田」這一項。

雖然這樣可能會嚇到你，不過還有一個可以讓你開心的事：我已經將能夠**輕鬆學會的祕訣**寫在這本書裡了，你可以不用經歷太多辛苦，就學會我嘗盡千辛萬苦才發現的訣竅，所以恭喜你！

這個祕訣就稱爲「**暖暖包大作戰**」。先前提過，氣一旦聚積於丹田，就會有「溫暖」的感覺，因此可先在丹田上使用暖暖包來代替這種溫暖的感覺。請試著將小型的暖暖包貼在衣服或內褲上再開始訓練，放置部位要保持在丹田上。控制氣的最重要關鍵就在於想像力。「『眼睛看不到的氣』要怎麼去想像才好呢？」將是過程中最辛苦的部分。因此，只要使用拋棄式的暖暖包，即使不用想像也會有溫暖的感覺，這樣一來，你就不需要死命地去想像，而可以**輕鬆地將精神集中**在近乎「無意識狀態的意識」之上。請藉由暖暖包大作戰來掌握將氣積聚於丹田這個訣竅。

一旦能夠將氣聚在丹田之後，接下來就換「會陰」了。方法和要領都和練習丹田部位時完全一樣，會陰之後則是「薦骨」，請依序進行。練習會陰或薦骨這兩個部位時，一旦出現「溫暖」、「熱」的感覺，便會有「蠢蠢欲動的感覺」。無論如何，只要出現一點點「**與平時不同的感覺**」，就是一個確實可以證明你能透過自己的意志，**將氣聚集在你的意識所到之部位的證據**。

氣的運行

掌握聚氣的感覺之後，請接著挑戰第二個步驟「氣的運行」。以丹田、會陰、薦骨三點爲基準，來進行運氣的訓練。

首先，試著將聚集在丹田的氣運行到會陰處（之後皆以「丹田→會陰」來表示）。

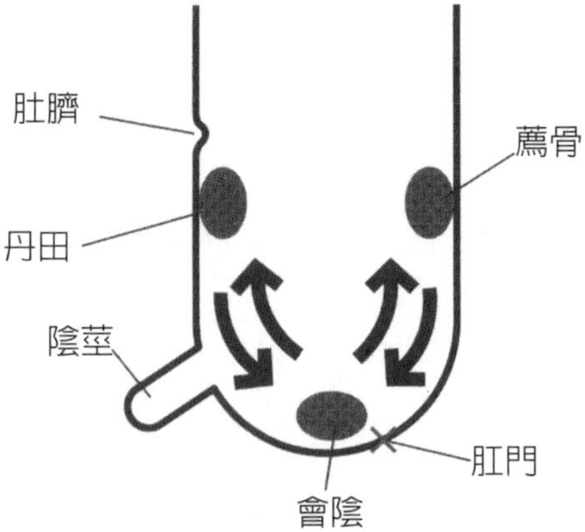

運氣的想像圖

這個部分完全要憑藉想像力，在一些氣功方面的書中也會介紹各式各樣的運氣方法。我的方法是把氣想像成一個「紅球」來嘗試移動它，但一開始總是很不順利。因此這個步驟也建議使用暖暖包。將暖暖包貼在想要移動過去的部位上。以「丹田→會陰」的狀況來說，就在會陰貼上小型的暖暖包。一旦能夠將氣完全移過去，身體就能實際感受到氣在運行的感覺，不過在初級階段，只要丹田和會陰之間出現「某種搔癢的感覺」就可以了。

能夠成功地將氣運行於「丹田→會陰」之後，接下來就是「會陰→薦骨」。如果能夠將氣運到薦骨，接著反向運氣，「薦骨→會陰」、「會陰→薦骨」。都能達成之後，接著就是「丹田→會陰→薦骨」、「薦骨→會陰→丹田」，一次做三個點的運氣練習。

練習時要與呼吸相互配合，在「丹田→薦骨」的方向，要一邊吸氣；「薦骨→丹田」的方向則是一邊吐氣，藉以讓運氣的想像更加容易。不過也不是非得這麼做不可，只要參考我的方法，之後可以用自己覺得較容易的方式來訓練，這才是最重要的。

避免氣聚集在局部的「小周天」運行法

引發射精機制的性能量爆發現象，可藉由「使陰莖周圍極度集中的性能量散逸到全身」的方式來避開。只要能夠有意識地做到這一點，就能控制射精。

為了運用自己的意志來使聚積在陰莖周圍的性能量循環至全身，我提出的方法就是運用一種名為「小周天呼吸法」的氣功。

前面要求你做的訓練，全部都是為了讓你學會這項**小周天呼吸法所進行的事前預備**

練習。我要先聲明，我完全沒有打算要讓你學習氣功的意思，只不過我所開發的早洩克服訓練正好是得自氣功的啓發。

我對氣功其實只是略懂一、二，不能算是氣功專家，因爲我只擷取氣功中有所助益的優良部分而已。不過光是如此，對於克服早洩和性愛，都足以帶來驚人且戲劇性的革命。中國人五千年歷史的內涵實在**令人敬佩**。

首先，對未曾接觸過氣功的人簡單說明一下何謂小周天。

在氣功術中，認爲人體內有很多氣流運行的路徑，就是「經脈」。即使聽不懂經脈這個名詞，應該也聽過「穴道」吧！所謂的穴道，就是身體中對氣較爲敏感的地方，而將散置於全身各處的穴道連結在一起的路徑，就稱爲經脈。

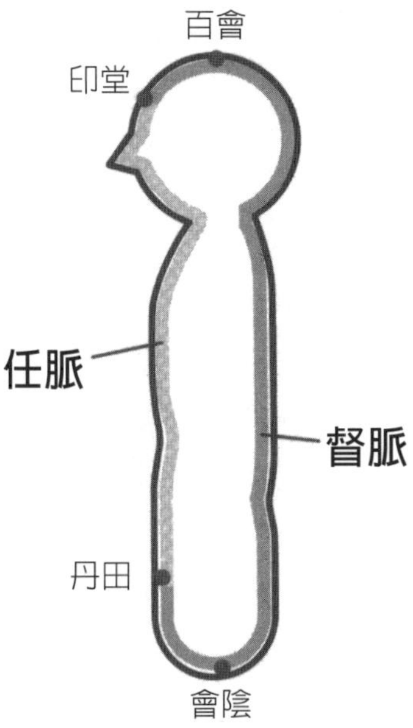

十二經脈的氣流路徑

氣功術中有十二經脈的理論。小周天呼吸法指的是在十二經脈中尤爲重要的兩條氣流路徑——「任脈」與「督脈」中來做氣的運行，也就是所謂的練功。

從頭頂開始，經過上半身的前面，下至丹田的氣流路徑，就是任脈；從丹田開始，經由脊椎骨直達頭頂的路徑則爲督脈。練氣功的目的，就是使氣流在上半身循環一周，讓它活絡，而將滯留的惡氣消除，藉以使細胞活化來獲得健康。

接下來，差不多該開始訓練了，練習時最主要的重點就是想像力。藉由想像來驅動氣的運行。

首先，請想像將氣聚在丹田，一邊配合緩慢吸氣，將這股氣依序移動到會陰、薦骨，再傳送到脊椎骨，直至腦門。當氣到達腦門之後，就一邊配合緩慢吐氣，一邊想像著從腦門經由身體前面，再次回到丹田。

只要學會這種小周天呼吸法，就能依照自己的意志讓性能量**循環於全身**，所以做愛時即使持續享受**一、兩個**小時，性能量也不會因爲集中在局部位置，而產生爆發現象。

如此一來就能不去在意是否想射精，而**盡情享受性愛**。此外，這時你會對氣相當敏感，所以只要有想射的感覺，就能隨心所欲地決定要在何時進入射精區並且射精。效果還不僅止於此。熟練小周天呼吸法，**隨意控制氣**，就能讓先前鍛鍊的「對氣敏感的體質」**更加強化**。簡單來說，快感會比以前更加提升。這不僅能讓陰莖感到舒服，做愛的時候，因性能量在體內循環，還能讓快感包覆全身。處於早洩狀況時，身體局部所感覺到的「某股熱」，並不能說是一種不好的現象，不妨將這股熱比喻成是一位**快感的天使**，在全身來回穿梭。

這就是「超洩」的威力。

小周天呼吸法的好處並不僅止於此，還能使你的性愛技巧獲得卓越的提升。做愛時如果想要有更爲顯著的變化，則需要仰賴「亞當撫觸」（手指技巧）。

女性是一種能夠感受感官慾望的生物，而人的指尖就能釋放出無止境的性能量。即使是一成不變的觸感與刺激，用手指觸摸和用棒狀物觸摸的感覺，就是**截然不同**。隨心所欲地控制氣，讓它流貫全身，氣的力量就能因此而增強。當然，**從指尖釋放出來的氣也會相對應地增強**。

其中的原因並不僅在於氣的量。在氣功術中，會運用到「氣的鍛鍊」的道理，並透過氣於體內循環來鍛鍊，直到如紅酒熟成，變得更加濃醇豐潤，而有上等的味覺變化的程度，就能使這股能量更上層樓。在熟練小周天呼吸法的前後，即使做愛時都使用相同的技巧，但女性感到的舒服程度卻是天差地別。

不過，小周天呼吸法並非一朝一夕就能掌握並熟練的技巧。你必須持續努力不懈地訓練才行。幸運的是，練習小周天呼吸法的時候並不需要特殊的工具，只要一想到，便隨時隨地都能練習。上班前、通勤搭車途中、午休、洗澡後、睡前……都行。我經常利用搭電車的時間來練習。不僅是坐著的時候，站著拉住吊環的時候也可以閉著雙眼，想像著氣在體內循環的狀況，同時放慢呼吸的速度，整個過程大約只要十五分鐘左右的時間。周圍的人並不會發覺我在做小周天呼吸法的練習，可能還以為我是在閉目養神呢！**即使是在白天，練習時也不會被人發現**，這也是此項訓練的優點之一。

最棒的自慰——「將氣提到大腦的自慰法」

令人遺憾的是，現在有很多男性只是把女性當作解決自己性慾的道具而已，在這種情況下，就算做愛，在我看來也只不過是「雙人自慰」而已。有些草食男甚至認為比起麻煩的做愛，寧可自慰還比較輕鬆些。如此一來，將會讓做愛與自慰之間的區別**變得曖昧不明**。可是這樣實在荒謬，做愛和自慰絕對是兩碼子的事，因為對男性來說，自慰和做愛的樂趣與意義原本就完全不同。

對大多數的男性來說，自慰的目的在於解決性慾，而自慰的享受方式也各不相同。

不過我希望你別忘了，自慰只是一個自己單獨面對「性」的機會，只能視爲一種做愛的事前演練。

先了解上述這層意義之後，再以有別於過去的方法進行充實的自慰。接下來我要傳授的，是自慰時能夠享受最棒快感的祕訣。

這個祕訣就是「將氣提至大腦的自慰法」。

一旦掌握小周天呼吸法，並連接任督二脈的話，就能開通另一條經脈，也就是「中脈」。小周天呼吸法所介紹的任脈和督脈，是接近身體表面部位的行氣路徑，而中脈這條位於體內的粗大經脈，則是把會陰和大腦連結成一直線。由於中脈是直線距離，且行氣的通道也很寬廣，因此可以一口氣**將大量的氣上提至大腦**。

中脈的氣一旦運行順暢的話，會發生什麼事呢？一般自慰時，會感到舒服的通常只有陰莖而已。可是如果在射精的瞬間使用接下來將介紹的「中脈呼吸法」，將局部蓄積的大量「氣」一口氣上提至大腦，如此一來，**腦部就能感受到快感**了。此時大腦會有像氣球般膨脹數倍的感覺，雖然這只是錯覺，但這樣的大腦會被快感整個包覆起來，並持續十秒以上，接著這種快感的巨浪將席捲整個上半身，特別是胸部以上的部位。這眞的是一種**超絕的快感**。

中脈呼吸法

1. 呼吸的時候空氣會聚在肺部，不過請將大腦想像成肺臟，以大腦在呼吸的意象來呼吸。吸氣六秒、吐氣十二秒，想像著透過大腦來吸取大氣中的能量，而不是吸進氧氣。只要持續進行，慢慢地大腦就會產生膨脹的感覺（不過如果做太多次的話，可能會感到頭痛，所以請掌握「用腦呼吸」的想像爲訓練的前提來進行）。
2. 一旦掌握住用腦呼吸的感覺之後，接著透過從會陰經由中脈將氣上提至大腦的意像，吸氣六秒鐘。
3. 這個步驟請反過來，將氣從大腦經由中脈運行到會陰，吐氣十二秒鐘。練習一到三次，如果身體產生暖和的感覺，就表示中脈已經開通了。
4. 掌握住感覺之後，就配合自慰來訓練。當性能量集中於陰莖周圍之際，便使用三大呼吸法，並將氣從會陰移至大腦，接著再將氣從鼻子吐出。

5. 反覆練習步驟4.，至少要做十五分鐘以上，當陰莖和大腦都享受到快感之後，就可以進入射精區了。在射精的瞬間，把吸氣的時間從之前的六秒縮短到一或兩秒鐘，一口氣加快速度，以便讓性能量上提至大腦。

以上就是運用中脈呼吸法的自慰方法。

藉由中脈呼吸法所獲得的超絕快感，是一種若不親身體驗，就無法理解感覺的方法。由於中脈呼吸法也同時具有能夠改變不容易達到高潮之體質的作用，所以極力建議用來做爲克服早洩訓練的其中一環。

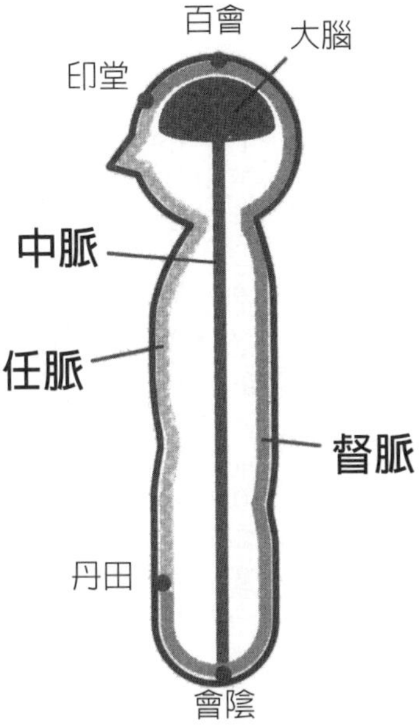

開通中脈的氣流路徑圖

讓女性喜歡做愛的祕密

氣和性愛的關係究竟有多麼密切，下面是一些實際案例。

以我的名字命名的「亞當撫觸」是一種溫柔撫觸女性肌膚的簡單手指技巧，只要練習一個月左右，無論是誰都能擁有跟我一樣的手技。不過我認定合格的男學員常常會說：「明明就是依照跟亞當先生學到的亞當撫觸來做，但女友就是沒什麼感覺，這是爲什麼呢？」

在旁人看來如出一轍的技巧，可是在我和男學員對同一位示範者進行測試之後，卻得到了「舒服感完全不一樣！」的回應。

其中的差別到底在哪裡呢？其實**關鍵就在於是否認真細心地去愛撫**。

全心全意，也就是全心投入的話，這種心意會隨著指尖所釋出的性能量傳遞給對方，全心全意所傳遞之性能量的質量就會提升。在對氣的變化遠比男性還要敏感的女性身上，這樣的差別**如實地顯現出來**。

愛撫時，自己對身邊這位女性之愛情的濃烈程度也是很重要的一環，因此在進行亞當撫觸時，男性的心理狀態也是不容忽視的。

舉例來說，比起對射精的顧慮，或是眼前女友的感覺，有些男人往往更加專注於所學的亞當撫觸技巧是否完成。

如此一來，便會讓自己完全處於「氣流四散」的狀態，所以就算已經熟練亞當撫觸的技巧了，卻還是因爲無法將愛投注於指尖，而**難以發揮威力**。

由此可知，並不是單單只要牢記步驟就沒問題了。在這當中，比較典型的負面例子就是不斷以「有感覺吧！有感覺吧！」之類的催迫姿態，來強制要求伴侶投入的方式。這種欠缺愛與溫柔情意的心境，會如實地傳遞給對方，因而無法獲得良好的結果。同樣地，愛撫時如果懷著「沒問題嗎？究竟能不能像學習到的那樣成功呢？」這種不安的心態，這種欠缺自信的焦慮感也會傳遞給對方。

最理想的狀態就是抱持著「想要變得舒服」、「想要讓她舒服」的心態，不要胡亂使力，**輕鬆且細心**地進行。

趁這個機會，讓我們從全心投入的觀點，來談談技術方面的問題。

爲女性愛撫的時候，你有多「**輕柔細心**」呢？

只要是男人，都應該要了解「女性全身都是性感帶」這一點，不過能夠確實實踐活用這個知識的男性卻少得可憐。在我的性愛學校中，就連學習過全身亞當撫觸的男性，在私底下還是有很多都是以「人家教我要摸這裡、摸那裡就對了」的態度來愛撫。如此一來，就算學會的技巧多麼正確，結果也都是徒勞無功。

重點在於要意識到「全身每個部位都要輕柔細心地愛撫」。

如果對一般的女性進行問卷調查，將會發現即使是有經驗的女性，也會有某些「不曾被愛撫過的部位」，像是背部、膝蓋內側、手心、腳掌、臉、鎖骨……等。

愛撫女性**以前不曾被愛撫過的部位**，會令她們感到相當愉悅。因爲她們**將會發現**：「啊！原來這裡也是我的性感帶。」因此，光是撫遍全身就能讓女性給予「你和過去那些男人不一樣！」的好評。不僅如此，愛撫腳掌的時候，如果將腳掌分解成「腳趾、趾間、趾根部、腳心、腳跟、腳的側面」，並各自輕柔且細心地撫觸，女性會有什麼樣的感受呢？她們肯定會深受感動。緩慢性愛就是以這種方式愛撫女性全身的性感帶。

輕柔細心地愛撫，會觸動女性的身體，並烙印下**衝擊性的記憶**。

那是一種與物理性快感完全不同且強烈的「**對大腦的愛撫**」。

就算感到疼痛也要忍受，明明不舒服卻要假裝高潮……。將這種一直以來對性愛的**負面印象一掃而空**的影響，會讓女性的性愛觀出現顯著的變化。說得通俗一點，就是會讓女生變得**很喜歡做愛**。她們會在約會到一半時，不！是從約會的前一天開始，就**滿懷**

期待地等著要和你做愛。

全心全意投入的輕柔愛撫——只要注意到這一點，無論是誰都能掌握「擄獲女性的祕訣」。

做愛時，使性能量充分交流的呼吸法

接著解說實際做愛時，能夠讓性能量交流的呼吸法。

首先溫習一下前面說過的。性能量的交流有兩個重點：第一，將容易聚集在局部的性能量運行於全身，以延遲抵達射精區的時間。第二，透過性能量的循環，使雙方體內的性能量進一步提升，讓女性的感覺變得更敏銳，而男性本身則是能夠藉此體驗到**以往不曾有過的超大爆發**。

做愛時請從「面對面上身立位」開始（將於第四章詳述）。在這之前，你應該已經做了很足夠的前戲而慾火中燒了，因此男性體內會充滿陽性的性能量，而女性體內則充滿陰性的性能量，重點在於雙方生氣勃勃的性能量**是否能夠產生交流**。

性能量能否交流的關鍵就在於想像，氣的運行要透過想像力來達成。

性愛時的呼吸法

1. 一邊緩慢地擺動腰部，一邊緩慢地從鼻子吸氣，時間建議持續五秒鐘。最大的關鍵在於吸氣的時候，要想像著將女性體內的陰性性能量從陰莖吸取過來。
2. 一邊緩慢地從鼻子吐氣，一邊想像將先前吸取過來的性能量從陰莖回送陰道。吐氣的時間建議持續十秒鐘。
3. 以上兩個步驟反覆做幾遍。
4. 如果想要射精的話，腰部就停止擺動，並藉由「控制射精的呼吸法」與「肛門收緊法」來迴避。

將氣吸取過來再把氣送回去的想像，一開始或許難以做到。而我自己一開始的時候，是透過把充滿體內的性能量，想像成「朦朧且溫暖的煙霧」的意像來進行的。只要習慣後，即使沒有特定的意像，性能量也能順暢地自然交流。

只要準備男女交歡的寫眞集，「性愛時的呼吸法」在自我訓練時就能掌握要領。我覺得使用騎乘位交歡的照片，想像起來會比較容易些。

實戰時的做法和上述的「性愛時的呼吸法」完全一致。一邊看著寫眞集，吸氣時一邊想像著從做愛對象將氣吸取過來，吐氣時則是想像著把氣回送給做愛對象。

克服早洩的訓練過程也可以採取這種方式。

防止射精後之疲憊感的方法——回收性能量

曾有人說，射精所消耗的卡路里相當於百米衝刺。射精後確實會有一種獨特的疲憊感，年輕人的恢復力比較快，不久就又生龍活虎了，可是到了中高齡之後就不可同日而語了，有些人可能還會影響到隔天的工作，當然，每個人的情況都是不同的，不能一概而論。

氣是一種如同電流般的物理性能量，這股能量如果透過射精釋放出來，就會消耗掉，因此才會感到疲勞。

不過不用擔心，有個方法能夠把射精時所**消耗的能量吸取回來**。

關鍵時機就在於爆發後，繼續維持交歡的姿勢，也就是陰莖處於插入的狀態，同時想像著將釋出的性能量由陰莖取回的意象，一邊進行呼吸法。

重點在於吸氣和吐氣的時間比例要保持五比二。如果吸氣花了十秒鐘，吐氣就花四秒鐘，以此類推。只要這樣做，射精後的疲憊感**就會明顯減輕**。

不過有一點必須要注意：如果陰莖已經完全萎縮了的話，拔出時有可能會讓保險套脫落，而留在陰道中。因此，請在陰莖完全萎縮之前結束呼吸法。

總而言之，射精後「讓氣不間斷」這一點非常重要。

隔空性愛

之前談過可以透過氣來挑起女性的感官慾望，熟練小周天呼吸法之後，成爲能夠隨意控制氣的高階者，此時就算沒有實際觸及肌膚，也能挑動女性的慾望。這樣說或許有些難以置信，不過「隔空性愛」確實是存在的。

我是在學會超洩能力後才察覺到這一點，並發現氣的強大力量。由於克服早洩的訓練加入了氣功的原理，因此很容易了解到氣的存在，不過當時我還沒領悟到可以透過調節來控制自己體內的氣，使能量由內而外發揮影響力。

這種隔空性愛，一開始的契機距今已經十年多了。那一天，和交往的女生明明只是隔著衣服擁抱在一起而已，卻**突然觸動了感官慾望**。嗯？難道這是？當我將女生的衣服全部脫掉之後，就藉由呼吸法將氣提至大腦，運用持續把性能量送進去的意像，試著用嘴巴往女性的生殖器吹氣。結果發生什麼事了呢？明明手都還沒碰到她，然而她卻像被愛撫陰蒂一般地不斷嬌喘扭動著。對此覺得有趣的我，就拉開距離，以同樣的方式再試一次，一開始的距離是五十公分，果然還是能夠挑起慾望。之後再將距離拉開到一公尺、兩公尺……，直到拉開三公尺之後，便像是遇到撞牆期一樣，無法再繼續了。不過無論距離多遠，她**依然一直都很有感**。

這就是我對隔空性愛的初體驗。

後來可能是我自己覺得時機成熟了，於是就有這麼一段故事：有一次在電車裡，我試著對一位不認識的女性進行隔空性愛。對方是一位坐在我對面，年約三十五歲左右的氣質女性。我一邊假裝在睡覺，一邊密集地傳送「用手指愛撫陰蒂的意像」，同時偷偷瞇著眼睛觀察她，發現她的臉頰慢慢地紅了起來，接著開始喘息，之前一直夾得緊緊的雙膝突然打開了，使我慌張地停止氣的傳遞。雖然我認爲在電車中並沒有直接接觸到她的身體，不能算是癡漢行爲，但仍因自己的不檢點而深省不已。當然，在那之後我就不再進行課外實驗了。

我的性愛學校剛成立的時候，曾發生一件事。當時爲了讓男性學員了解氣的存在，就以示範的模特兒爲對象進行隔空性愛的演示。我在課堂上讓學員看的實驗是：站在距離模特兒所躺的床約一公尺的地方，將手舉起來把氣傳送出去，讓模特兒輾轉扭動。光是這樣並不足以取信於人，因此我做到一半時便讓男學員接手，繼續將氣傳送過去。只要模特兒進入感官慾望高張的狀態，即使是半信半疑的男學員所發出來的氣，也足以使她持續下去。下課時將男性學員送走之後，我突然發現模特兒**慾火中燒的狀態居然一直持續**著。「老師，怎麼辦？我還在那個狀態裡。」我也是第一次遇到這種狀況，於是讓她去淋浴，喝杯果汁休息一下，但是不管怎麼做，她的身體卻還是不斷顫抖著。原本以爲只要到外面透透氣，這種狀態就會消退了，於是帶著她到附近的餐廳去吃飯，可是事與願違，她的身體依然不停地產生輕微的痙攣，有時候她身體後仰到讓我覺得椅子都快要往後倒了。

這是因爲感官慾望的餘火所導致的嗎？即使已經中止氣的傳送了，有些女性還是會出現像是「回火現象」（flashback）的狀況般，突然不由自主地被挑起慾望。其實解決的方法相當的簡單，只要**去做愛**就行了。因爲氣所引發的過多感官慾望只要透過肉體上的刺激，也就是有插入行爲的性交，就能解決了。

不過，畢竟是第一次遇到這種事，當時我並不知道這個解決之道，而且就算知道，也不能對來打工的模特兒下手。那麼，我是怎麼解決的呢？當時「Happening bar（譯註：門票制、提供場地讓彼此陌生的人於該處進行性行爲。由於進去不知道會發生什麼事，所以叫做「Happening bar」。）」蔚爲潮流，我於是帶她到那個地方解決。大部分的「Happening bar」都是合法的，所以我也毫無顧忌地大肆反覆發動隔空性愛，直到黎明升起。

透過本章所介紹的呼吸法或緩慢性愛，而實際感受到「性愛就是氣（性能量）的交流」的話，即使沒有和伴侶在一起，也可以因爲感受到氣而覺得舒服不已。透過隔空性愛讓女性挑起感官慾望的重點就是**想像力**，不能只是漫不經心地把氣隨便送出，而是要讓大腦浮現出具體的意像才行。以亞當撫觸來撫摸乳房、用手指愛撫陰蒂……怎麼想都可以。請在想像的行爲在腦中視覺化之前，讓**右腦充分活絡**起來吧！只要持續修練，到最後就能像高段的心算者在「腦中浮現出算盤」一樣，而浮現出愛撫的畫面。我自己並不是在腦中，而是眼前直接浮出畫面，一般人如果能做到這樣，應該算是很厲害吧！能夠達到這個境界，並不是我或心算達人擁有什麼超能力，而是日復一日持續訓練的成果。

如果想要擁有眞正舒服的性愛，請將「做愛與訓練兩者都不可偏廢」的觀念當成一種常識。

性能量是一種即使有空間上的距離，也能讓對方感受到的力量，所以如果直接碰觸到身體，效果當然更加顯著。如果處於全裸、互相擁抱並插入的狀態，效果就會更爲直接。即使腰部完全不動，光是透過氣就能挑起感官慾望，讓女性獲得高潮，這在緩慢性愛中絕非罕見之事。難道你不覺得很棒嗎？

克服早洩之後就能從垃圾性愛畢業了，請讓你自己加入我的世界吧！我會耐心等著那一天的到來。

透過氣就能傳達自己的心意

如果我說一旦能夠控制氣，**就能操控女性的心意**，你相信嗎？

雖說「要傳遞心意」，但這個心意究竟會傳送到對方的哪個部位呢？是大腦嗎？還是心呢？

在做任何事之前，我們通常會先在自己的大腦中思考，之後再去行動、去選擇、去做決定。不過事實上並非都是因爲先有清楚自覺的意識之後，才會決定怎麼行動。很多時候即使本身沒有察覺，意識也一樣會默默地發揮影響力，這就是「潛意識」的作用。

「一開始明明沒什麼想法，等察覺到的時候就已經喜歡上了。」你應該常常聽到有人這麼說，這種情況其實很常見。

在將自己的心意化成言語傳遞給對方知道的同時，通常用言語無法清楚表達的熱切情意，也會藉由「潛在意識」來傳遞，這就是氣。

在日常生活中，大家應該都曾經感受過「就是覺得很合得來」，「雖然不知道爲什麼，但和這個人在一起就是覺得很安心」之類的情況。「個性合得來」的說法中，這個「個性」指的就是「氣的個性」。只要**「氣的波長」契合，兩個人在一起的時候就會**

覺得很自在。

那麼，只要能夠控制氣，自己的心情就能「跟著氣一起」**傳送到對方的潛意識**中。舉例來說，讓喜歡的女性反過來喜歡自己，絕對是可能的。只要藉由性能量的力量，就能將暗戀變成兩情相悅，讓戀愛的魔法產生作用。

這個方法相當簡單，就是一邊想著喜歡的異性，**一邊自慰**。氣雖然可分為很多種，但其中之一的性能量是一種具有強大力量的氣。而透過自慰提升的性能量，會讓你的心意跟著一起傳送到對方的潛意識中。

這種情況也須憑藉想像力，請盡可能地將和喜歡的女性做愛時的狀況具體意象化。不妨就從溫柔的親吻開始想像，然後慢慢地褪去衣服，並用亞當撫觸愛撫全身……。從前戲想像到結束是最理想完整的緩慢性愛。如果做的是垃圾自慰，你的心意將無法順利傳遞。此外，雖然這是想像出來的性愛，但絕不能把喜歡的女生當成只是一個性幻想的對象。即使是真實的戀愛場景，如果顯露出自己別有用心，肯定會令女生討厭，因此不是真心真意的話是不行的。

請每天於固定時間進行這樣的自慰，建議持續時間為二十一天。此後，一旦出現像下面這樣的變化：她主動向你搭話；你突然接到她的電話；她一看到你就咯咯地笑個不停，就代表好機會來了！請不要猶豫，不假思索地**約她出去吧**！一定會有好結果的。

不過，想讓這個方法奏效，還需要一個重要條件，那就是這個對象只限於認識你的女性。如果用在完全不認識自己的女性身上，結果肯定是徒勞無功的。就好比無論我再怎麼喜歡藤原紀香，她也依然不爲所動一樣。此外，對方如果很討厭自己，當然也行不通，因爲她的潛在意識會完全把你的心意拒之於門外。

信不信由你，不過我還有一個請求：絕對不要把這個方法告訴那些當牛郎的男性，以免不斷有女性受騙上當。

第3章 重點整理

- 只要能夠隨心所欲地控制氣，就能控制射精。
- 性能量可透過「指尖」、「手心」、「舌尖」、「生殖器官」四個部位釋出。
- 增加的性能量會聚積在陰莖周圍。
- 蓄積氣的地方為「丹田」、「會陰」、「薦骨」三個部位。
- 積存氣的祕訣就在於「隨意且近乎發呆的意識」。
- 只要讓性能量循環，做愛時就能盡情享受了。
- 愛撫的祕訣在於「全心投入」，氣如果散逸各處的話，將無法發揮實力。
- 刻印於身體內的衝擊性記憶——「對大腦的愛撫」能夠讓女性愛上做愛。

第4章

不受制於射精的最強「高潮技術」

如果能夠拋開射精的束縛，就會更舒服

緩慢性愛有幾個定義，初學者最容易理解的，就是「與垃圾性愛完全相反的行爲」。前戲十五分鐘，交歡五分鐘的短時間性愛；以解決性慾爲目的的性愛；無視對方感受，只顧自己的性愛；拘泥於高潮的性愛。

上述情形只要符合其中一項，就算是垃圾性愛。說得誇張一點，就算每次做愛都花了兩個小時以上，但男方的最大目的卻是射精的話，那依然算是垃圾性愛。沒錯，現在你應該了解了，在此之前你所做的可以說百分之百都是垃圾性愛。

我想讓你知道這些名詞的背後涵義。兩情相悅而在一起的男女，卻無法自在地享受原本應該感到舒服的性愛，而且還對此苦惱不已，這都要歸咎於錯誤的做愛方式與價值觀。我之所以自創緩慢性愛、垃圾性愛這樣的名詞，就只是爲了讓你察覺這個道理。這種說法，許多男性聽起來雖然會覺得不堪，但女性總是能比你早一步察覺到做愛時的既有錯誤。

我所提倡的緩慢性愛，一般人都知道是一種輕柔緩慢的做法，但其中最重要的關鍵，其實就是「引起女性的共鳴」。說實在的，我在不久之前才開始經營的部落格之中，網友有九成是女性。

「一開始拜讀亞當先生的部落格時，我就了解到原來自己和丈夫在性事上的不協調，是因爲我們做的根本就是垃圾性愛。」

每天都會收到來自女性網友的這類訊息。

察覺到既有的錯誤性愛，而且知道緩慢性愛的女性同胞們，好像都約好一起做出相同的行動。「我也因爲緩慢性愛而覺得更加舒服了。」她們會談論關於伴侶使用緩慢性愛的看法，或是依照各自的不同情況而購買我的著作或ＤＶＤ送給伴侶當禮物。然而，她們的挑戰卻幾乎都鎩羽而歸了。爲什麼會這樣呢？我還是得說一些讓男人覺得不中聽的話。這是因爲她們的**伴侶都死命抗拒**所致，其中更不乏說出：「別再讓我聽到你提亞當德永那傢伙的名字！」之類的話的暴怒男性。

「雖然做了許多努力，卻還是不行。就連怎麼做愛都要讓別人來教，男人的自尊要擺在哪裡？」

失敗一次之後不肯放棄的女性朋友，便買下我爲女性所寫的書，熟習我在書中介紹的「女性對男性的亞當撫觸」或「陰莖愛撫法」等方式，想親自讓對方體驗緩慢性愛的美妙之處而努力不懈。不過這**令人鼻酸的努力能夠真正實現的並不多**。

她們把男性無法改變習以爲常之做愛方式的原因歸咎於「男性的自尊」。確實，問題就出在自尊！這就是一種「性事不可以讓別人插手來教導」的錯誤刻板觀念。除此之外，男性聽不進女性意見的原因，也和性別差異這個根本問題脫不了關係。

這裡指的性別差異就是男性有，而女性沒有的，也就是本書主題之一的「射精」。無論男女，同樣都可以使用「高潮」一詞，不過男人射精並**不等同於**能讓女性達到高潮。男性要達到高潮很簡單，但女性卻沒辦法。男性如果想得到高潮，就算是垃圾性愛也沒問題，可是女性卻不是想要就一定能夠獲得高潮。

在性愛方面，讓女性備感不公之處就在這裡。「不要只顧自己而不理會女人的性感受」——這個觀念是否能夠確實被接受，得看掌握緩慢性愛技術之前，男人的「溫柔度」與是否能夠「將心比心」。總歸來說，這是攸關你是否具有**和女性做愛之資格**的大問題。

雖說「做愛時的『溫柔度』與『將心比心』很重要」，但如果說得太含糊，你可能無法明白其中的眞諦，因此我在向男性學員解釋的時候，通常是具體說明「拋開射精」、「前戲至少三十分鐘以上」的要旨。

但是如果因此而把緩慢性愛想成是一種「男性一味地爲女性服務的行爲」，那就**大**

錯特錯了。

如果曾經看過我參與演出的ＤＶＤ教材，應該就會知道，我在結束的時候會「哦哦哦哦哦……！」發出吼叫聲。這並不是在演戲，我私底下也是如此。如果是第一次和我做愛的女性，對如此巨大的聲音，都會被嚇一跳。我發出來的聲音很自然而且很大聲，這是因為**射精很舒服**才有的結果，我的快感通常都能持續二十秒以上。

你也有過這樣的經驗嗎？應該不曾擁有過才對。對一般的男性來說，對於射精的快感，就算會發出聲音，頂多也只是「噢！」一下而已。這種程度的快感多半都只是一閃即逝的。

快感程度的差別，取決於射精前體內蓄積之性能量的多寡。請拋開射精的束縛和顧慮，讓自己從中解放，持續享受彼此共有的性愛，藉以產生性能量的交流，並**使性能量放大**。如此一來，就能體驗到之前不曾有過的「舒服」感，以及言語無法形容的「**超級大爆發**」。

只要克服早洩，長久以來的不好回憶就能夠終結，如此不僅可以滿足男性的自尊，也能讓女性更滿足，連你**自己所感受到的性愛暢快感，都會比過去多出好幾倍、好幾十倍**。

把不被射精束縛的性愛當成理所當然的事，就能獲得現在的你所無法想像的最佳「**高潮技術**」。

此外，從射精解放出來，也正是克服早洩的最快捷徑。

性愛是「知性的創意行爲」

雖然可以用一句「從射精中解放出來吧！」來解釋，但這並不是光用嘴巴說說就能輕易做到的。因爲不管怎麼說，「想要射精」的感覺本來就是男性本能的慾求。可是只要持續被射精這件事束縛住，就不可能體驗到像我在做愛時那樣自然吼叫而大爆發的感覺，當然你也無法成爲多數男性所夢想的，讓女人說出：「我已經無法離開你了。」這樣的做愛達人。

人因爲性慾而有性愛，「性慾爲性愛的起跑線」這個道理不言可喻，問題就出在大多數的男性一站到這條起跑線上，幾乎就停滯不前了。

請試著想想食慾這件事。嬰兒期的時候，抓在手中的任何東西都會不假思索地試著塞進嘴巴裡，食慾旺盛可見一般，肚子餓了還會大聲哭泣吵鬧。可是一旦吃飽了馬上就咯咯地笑，好似之前的哭鬧都是騙人的，可是笑著、笑著，不一會兒又酣酣入睡，接著一醒來又開始哭著要喝奶。這到底是餓了？還是飽了呢？其實這就是食慾的起跑線。不過，人的味覺會隨著成長越來越挑剔，它會透過品嘗及比較各種食物的過程而受到訓練，漸漸地量與質都產生變化。進食的時候不僅在意是否美味，和誰一起吃？菜餚的擺盤如何？店家的氣氛好嗎？還有健康上的考量或餐桌禮儀、交談的內容等都會逐漸講究。總歸來說，有別於孩童時期的飲食享受方式，將會不斷進化。

性愛的道理也是一樣，**肯定會有所進化**。為此，脫離原始的性慾，而**以理性來感受性愛**就很重要了。性愛這種透過生殖目的與快感或愉悅之類的身心舒暢，以加深愛情羈絆的行為，主要的目的有兩個，這兩個目的不會被混為一談而曖昧不明嗎？若想從被性慾支配的射精衝動中解脫出來，首要的條件就是一開始便清楚區分這兩個目的。

我認為能夠幫得上你忙的就是我所提倡的，生殖行為即為「愛的行為」的概念。

男性想和喜歡的女性做愛的時候，往往會使用「我愛你」之類討好人的話語。女性會相信這句話，而為男性敞開自己的身體。然而，女性所追求的「愛」，在重要的性方面卻是壓倒性的不滿足，這就是兩情相悅的情侶之間，始終有著無法解決的煩惱或問題的最大原因。

「愛」爲何物？「愛」指的就是「**愛人**」，然後從「愛人」再轉變爲「**被愛**」。可是把這個順序反過來的人，我想現在眞的不在少數。

那麼，「愛人」又是什麼呢？就是一種想「讓對方開心」的純粹眞心，說得更簡單一點，就是「照顧」對方。爲了自己開心而做愛和想讓女性愉悅的性愛，表面看來或許沒什麼太大的差別，但是做愛後的結果，或女性的評價，肯定有如**天壤之別**。

我想要把這個簡單的眞理告訴多數的男性朋友，在我至今爲止的著作和部落格中，都一直提倡以前許多技巧指南書中少見的觀點——多用「愛」這個字。因爲我不想讓只會拘泥於技巧的男性迷迷糊糊地，只學到我開發出來的劃時代技巧的表面工夫。

只要是男人，一定都會有「想學會技巧，擁有自信。」「想成爲性愛達人，讓女性得到高潮。」的慾望。男性會對性技巧感興趣，是相當自然的事，然而，這種習性常常會讓男人陷入技巧至上主義之中，而忘了身爲性愛達人不可或缺的「愛」有多麼重要。

有些男人看到「愛」這個字眼的時候會感到害羞，如果這樣，那麼也可以用其他說法來表達，就是把性愛想成是一種「**知性的創意行為**」。

性愛是一種愛女人的行爲。並不是想要被愛，而是「想要愛」；並不是想要變得舒服，而是「想要讓她舒服」。

因爲性愛是一種愛的行爲，所以請改變你的心態。發自內心的愛所進行的愛撫，會讓你變得溫柔，也讓女性的反應有所改變。女性的反應變好了，爲她愛撫時，毫無疑問地**你也會快樂似神仙**。如此一來，她就會**讓你看見更多感官之美**。只要啓動這種良性循環，自然就不會再被射精束縛住了。

爲了持久的事前準備

想要從只有三分鐘的持久力延長到五分鐘、十分鐘，方法其實很簡單。只要每天持續使用按摩油來反覆擦拭龜頭，一天數次，自然就能塑造出耐受快感的腦神經。可是如果想要隨心所欲地控制氣，就需要加倍的努力和相當程度的時間。

不過，即使還在訓練初期，已具備「射精是一種氣的爆發」、「只要使氣分散就不會那麼容易射精」觀念的你，現在就可以透過在前戲上下工夫，來**獲得一定程度的「持久力」**。嗯？不敢相信嗎？請回憶一下前面提過的，早洩的我，偶然和喜歡的女性在一起時，因爲濃烈的激吻，而在做愛時嘗到的那段持久體驗！沒錯，只要營造出和當時的我一樣的狀況，你也可以擁有相同的體驗。

接吻姿勢的訣竅

躺在床上接吻的時候，一般會呈現女性仰臥，而男性貼在一旁的姿勢。慣用右手的男性通常會躺在女性的右側，那麼，現在就要下點工夫了。

請男性躺在仰臥著的女性上方，身體互相緊貼著。

盡可能增加與女性接觸的面積，藉以讓性能量的循環更容易引發。重點在於特別要**有意識地讓男性的丹田與女性的丹田、男性的胸部與女性的胸部緊貼在一起**。我想這一點應該不需要多做說明，丹田是容易積存性能量的部位，而胸部則是性能量容易交流的部位。接吻的方式也很重要，請牢記要使用舌尖，並讓舌尖不斷遊走。舌頭前端是特別容易傳遞性能量的部位。使用舌頭接吻時，特別推薦我所提出的「陰莖式接吻」。

陰莖式接吻

把女性的舌頭當作陰莖，而把男性的嘴巴當作陰道，女性將舌頭插入男性的口中，男性則用嘴巴一邊縮緊一邊吸吮，對舌頭進行愛撫。總而言之，就是透過舌頭和嘴巴所進行的模擬性愛。平時被插入的女性此時成了插入的一方，而男性則相反，這樣一反常態的感覺，更可以提升性的興奮度，並且放大性能量，而角色交換也是相當刺激的做法。

要享受陰莖式接吻，需要一個簡單的訣竅，就是舌頭插入的時候，**舌尖要放鬆，盡可能柔軟**，讓舌頭像是生的動物肝臟般肥軟的感覺是最爲理想的。雖然交歡時陰莖越堅硬越能讓女性感到愉悅，但用舌頭來模擬陰莖，只要越柔軟，就**越能喚起難以言喻的情色感**。

在這種姿勢下接吻，就能讓性能量在嘴巴與嘴巴、丹田與丹田、胸部與胸部之間不斷循環著，使過度集中在局部的現象緩和下來。採取這種姿勢的時候，盡量別讓自己全身的重量都壓在女性身上，男性請將左右兩邊的膝蓋靠在床上，支撐自己的體重。

手和手互握

從事緩慢性愛時，進行亞當撫觸最主要的性感愛撫之前，應先做「手掌撫觸」的按摩。手掌指的就是手心，手掌撫觸就是使用手心去愛撫。在具有極高放鬆效果的雙手撫觸中，手掌撫觸是一種最適合舒緩女性緊張心情，進而**使身體更加敏感的準備動作**。做法很簡單，請張開右手，將整個手心緊貼著女性的肌膚，以每秒約十公分距離的速度畫著橢圓來按摩，重點就在於緊貼的程度。在我的性愛學校中，我通常以「把手心想像成吸盤」的方式來說明。

要實踐這種手掌撫觸**一定要先做一件事**，就是先讓女性趴著，並在背部灑上爽身粉再開始愛撫。同時，男性請用自己的左手握住女性的左手，就像平常握手那樣。

透過手和手的結合，就能形成「迴路」，更進一步促使性能量大量交流。

連結勞宮穴

手和手相握之際，有一個相當重要的重點。手心中有一個被稱爲「勞宮」的穴道，這裡是性能量進出的地方。勞宮穴的位置大約是在手心中，無名指與小指之間的正下方，接近感情線的部位。我覺得人類的身體眞的很不可思議，平常不經意地握手時，**勞宮穴也會自然地彼此疊合在一起**。

雖然我是無神論者，但對這一點我還眞相信有神明的存在。接著，爲了氣的運行，重點就在於要有運氣的念頭。雖說勞宮穴能夠自然地重疊在一起，不過，如果同時想像著連接彼此的勞宮穴，並透過它進行性能量的交流，甚至還能使這項交流更爲活躍。

我想應該還有許多對性能量的交流並不熟悉而難以感受到的人，不過實際要做的也就只是「和女性的身體重疊緊貼著」、「手和手互握」這種**連技巧都稱不上的簡單動作**罷了。重點在於要在腦子裡釐清其中的理論和機制。首先，我希望你能實際去嘗試，並用肌膚去感受這種效果。我也是這麼過來的，雖然一開始有些不明所以，即使只有輕微的感覺也不要緊。而最重要的是，就算是非常微小的成功體驗，只要一點一滴地逐漸增加，就沒問題了。今天晚上請務必試試看。

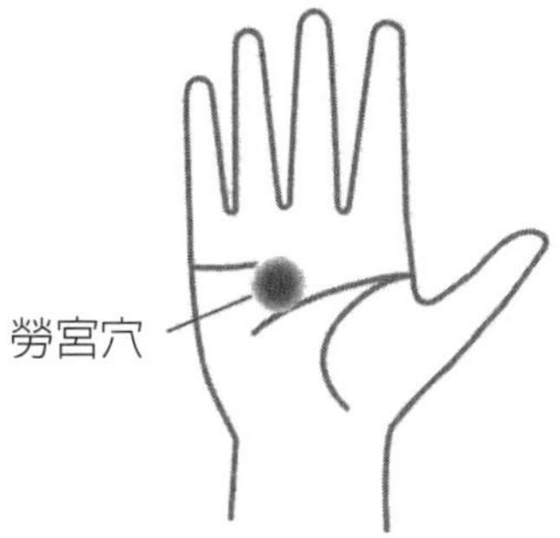

勞宮穴的位置

正常體位是危險的「射精體位」

通常男性在被問到「最常使用的是什麼體位？」的問題時，幾乎百分之百會回答「正常體位」。另外，女性被問及「最喜歡的體位？」時，回答正常體位的也占壓倒性多數。這個結果大多數人應該都能接受吧！事實上，這種最受歡迎的**正常體位，正是縮短日本人交歡時間的一大因素**。

順便一提，正常體位的英文是「missionary position」（傳教士體位）。在十五世紀到十七世紀前半的大航海時代中，西班牙與葡萄牙等列強於南美大陸的各國、地區大肆掠奪，在殖民地傳布基督教。當時，各地原住民慣用的後背體位常被指責「過於獸性」，因此傳教士便以「更有人味的體位」來禁止正常體位以外的性愛體位，這就是這個英文字詞的由來。

被西洋文化澈底影響的文明開化時代，以及受到世界大戰後的美國文化衝擊，是日本近代史的兩個轉折點，在這兩個轉折點的前後，日本人的做愛方式究竟產生什麼樣的變化，其實我了解得並不是很透澈，不過至少對不喜歡接受別人指導的現代日本人來說，以正常體位開始做愛，並以正常體位結束的方式，並不會有任何疑問，甚至還把這當成是理所當然的，這實在是**大錯特錯**。

事實上，在許多體位之中，**最容易導致早洩的就是正常體位**。最大的原因就如同第二章說過的，與交感神經和副交感神經有關。採取正常體位時，男性的上半身會大幅往前傾，前傾的姿勢會讓交感神經占優勢而較爲敏感，所以與陰道摩擦所造成的刺激就會讓陰莖變得敏感。此外，男性是「透過視覺來引發興奮」的，也就是在五種感官之中，最容易受到與性相關之訊息影響的就是「視覺」。採取正常體位進行到一半時，會因爲看到女性性興奮時的容顏，或是豐滿的乳房等大量視覺資訊的刺激而**大幅增強自己的性興奮，因此容易陷入失控的狀態**。此外，正常體位也容易使男性恣意地擺動腰部。

這樣一來就備齊了射精的條件，即使你的持久力很正常，也會在**短時間之內進入射精區**。而若是有早洩疑慮的男性，這更是一種自爆的行爲。

這麼危險的體位居然被叫做正常體位，根本就是一件很沒常識的事。

基於上述理由，在我的性愛學校中，正常體位總是被設定在最後要結束時的最後一種體位，並且嚴禁於一開始就採行。

請重新認知正常體位是一種「射精體位」。

持久的體位

即使是相同的性能力，只要擁有正確的基本知識，並在體位上下一些工夫，就能讓持久力產生**驚人的變化**。

以下將介紹四種緩慢性愛專用體位，不僅是想變得持久一些的初學者，中級者或高級者平時也都能加以活用。

本書最終的目標就是讓你能夠擁有隨心所欲地控制射精的「超洩」能力，不過如果一味地自我訓練，並不是一個克服早洩的方法。就連汽車駕訓班都會安排把車開到馬路上的實地教學訓練，馬路上雖然危險，但只有這樣才能得到以往未曾有過的眞實體驗，並藉此建立信心。

接下來要介紹的四種體位，一旦親身實踐之後，原本只能撐到三分鐘的人也能延長到五分鐘，只有五分鐘的人則可以達到十分鐘以上。「嗯？這樣做就能持久了啊！」請用自己的身體親自感受這些持久體位的功效。再說，你到目前爲止都太低估自己了，請再次確認自己眞正的實力吧！

一旦發覺自主訓練的成果慢慢開始浮現之後，就別再懷著「會不會太快？」的莫名擔憂，果敢地實際去做吧！現在就與所愛的女人一起確認自我訓練的成果，藉以加深兩人的羈絆。

面對面上身立位

雖然很多人都認為無論如何一開始是最重要的，但即使到了插入階段，使用什麼體位也會大大影響後續的進展。我建議在交歡的一開始就使用「面對面上身立位」的體位。如果沒聽過這個名稱也沒關係，因為這個體位原本沒有名稱，是我命名的。雖然沒聽過，但一點也不難。簡單來說，「面對面上身立位」就是從正常體位的姿勢，變化成男性上身與床鋪垂直的姿勢。「嗯？就只是這樣而已？」你可能會這麼想吧！沒錯，**差別就只是這樣**，只要將原本前傾的姿勢挺直起來就行了，角度大約只差三十度而已。你過去在做愛過程中，應該或多或少也曾有幾次使用這樣的體位吧！只是你先前沒有意識到這個體位就是我所說的面對面上身立位，也不認為這就是可以讓你持久的體位。姿勢的差異、認知與知識的落差，光是這些就足以**讓下半身產生巨大的變化**。

男性的上身垂直究竟會有什麼改變呢？事實上，交感神經與副交感神經會因此而**處**

於平衡的狀態。這種自律神經的平衡會抑制過度的興奮，有早洩疑慮的男性也能讓射精時機獲得一定程度的控制。另一個原因只要試過一次就能立刻明白了，就是這種體位並不適合激烈的活塞運動，正因爲如此，反而能夠防止下半身爆走的現象。

執著於射精慾而誤以爲「女性也渴望激烈的活塞運動」的男性，不只是正常體位，就算使用其他體位也會不知不覺就變成讓腰部容易激烈擺動的姿勢。這種認知實在錯得離譜，藉由緩慢交歡所產生的輕微感官興奮感受，才是做愛的眞正美妙之處。

腰部不能自由擺動就不容易感到滿足，如此一來豈不是就沒有做愛的感覺了嗎？如果你這麼想的話，那我可要好好地跟你說清楚：通常女性對於不夠的交歡時間**才會有不滿足的感受**。

或許我說得有點過了頭，不過請原諒我是爲了要促使你改變原有的觀念才這麼說。正如我一直強調的，射精是性能量爆發的現象。只要性能量產生交流，局部的性能量就會自然分散到全身各處並抑制射精。一直以來，性能量在開始交流之前就會使射精慾累積升高，所以才會闖入射精區而無法迴避，請務必了解這個機制。總歸來說，抑制射精的體位能夠讓你在一定程度的時間以上，也就是性能量開始交流之前得以持續交歡，如此一來就能獲得像是「什麼！我竟然這麼厲害啊？」這樣，**連自己都覺得不可思議**的陰莖持久力。

我想讓你盡早直接親身去體驗看看。

在插入之後，還有幾個重點需要注意，就是讓腰部靜止不動，只要一下子就夠了（兩到三分鐘，可以的話維持五分鐘）。請忍住想要進行活塞運動的意欲，享受與所愛女性結合成爲一體的感覺。這就是**讓性能量交流的祕訣**。因爲比起「動」的時候來，性能量在「靜」的時候更容易交流。

請從原本的「物理性快感」轉換到「氣的交流」的「典範轉移（譯註：典範轉移（Paradigm Shift）指的是習慣的改變、觀念的突破、價值觀的移轉；是一種長期形成的思維軌跡及思考模式。）」接著請找到那把能開啓自己可能性，卻被遺忘在一旁的鑰匙。

只要稍微忍耐一下就好，只要能夠克服早洩，並能長時間交歡的話，就算是激烈的活塞運動也能從容以對。

面對面上身立位

面對面坐位

在這四種持久體位之中，可以稱爲「緩慢性愛體位」的**理想體位**的，就是「面對面坐位」。

採用面對面坐位時，男性的上身要垂直豎立起來。這個姿勢能夠維持交感神經與副交感神經的平衡，因此可以抑制興奮，讓射精的開關不容易被開啓。此外，這也是一種讓腰部難以激烈擺動的體位，因此並不會有突然闖入射精區的疑慮，也能夠讓陰莖從容地愛撫陰道。

面對面坐位還有一個優點，因爲這是以相互擁抱的姿勢來互相支撐彼此的身體，所以比較不會感到疲累，這也是能夠長時間交歡的重要因素之一。

這種體位的美妙之處在於兩個人面對面緊貼著，因此能夠隨心所欲地享受接吻或甜言蜜語。

不管從什麼角度來看，面對面坐位都是**最適合緩慢性愛的體位**。

即使聽完這樣的說明，垃圾性愛的遺毒仍在體內徘徊的男性，或許還是覺得「如果還有餘裕去接吻或訴說甜言蜜語，我寧可把這餘裕用來使勁地擺動腰部。」可是激烈的活塞運動所得到的，其實只有肌膚與肌膚摩擦所產生的物理性快感，這種快感只不過是一種短時間就會結束的**單調感受**罷了。

我必須要說，女性的身體遠比男性還要複雜許多，複雜到能夠用「神祕」來形容的程度，因此如果只是單純的物理性刺激，並不能讓女性的感官得到充分的滿足。

面對面坐位最大的優點，在於這是一種男女相互擁抱的體位。女性渴望擁有被男性深愛的實際感受，除了生殖器官之外，肌膚的緊貼也是不可或缺的。**只有男性才能做到**讓女性從性愛中獲得越來越多愉悅的享受，要滿足追求與所愛男性結合成爲一體的根本慾望，只要互相緊貼就行了，即使沒有激烈的肌膚摩擦，女性也可以獲得充分的快感與滿足感。不僅如此，彼此身體之間的高密著度，也能夠促進性能量的交流。

面對面坐位

接下來，針對能夠配合性能量交流的兩個腰部使用重點來解說。

第一點是「搖動」。以陰莖的根部爲支點，前後左右緩慢地搖動。想像著**受到波浪擺盪的船隻不斷搖晃**的那種感覺，藉以享受陰莖與陰道規律穩定的相互撫觸。要注意的是，不要只擺動腰部，男性要將左手擺在女性身體後方來回游移，並在肩胛骨附近用手緊貼著把身體抱進來，以緊貼的狀態一起擺動整個上半身。

第二點是搖動的應用版——「轉動」。要領與搖動一樣，撐住女性的上半身，然後**順時針迴轉**。旋轉的方向雖然並沒有科學根據可以解釋，但「比起逆時針旋轉來，順時針旋轉時，氣的能量會更為強烈」，這是我從經驗法則中摸索出來的，也可以說，這是一種自然界的眞理。擺動的速度應該緩慢，擺動的幅度（身體的傾斜）要大，而且要強而有力。

擺動腰部時，體內的中心會緩緩地湧上一種不曾有過的淡淡快感，甚至能享受到有如遠紅外線效果一般的深層愉悅，並從中得到滿足。請從「性愛＝活塞運動」的錯誤觀念中畢業吧！

抱姿騎乘位

「抱姿騎乘位」指的是以騎乘的姿勢，將女性的上身拉近自己相互擁抱，並向後傾倒的姿勢。

仰臥的姿勢會讓副交感神經處於優勢，是一種**最能讓人放鬆的姿勢**，這在瑜伽中稱爲「屍解式」。那麼，明明同樣都是仰臥的姿勢，爲什麼不用騎乘位而要用抱姿騎乘位呢？

這兩者最大的差別就在於**主控權的掌握**。一般女性在上的騎乘位會由女性掌握主控權，因此女性一旦進入認眞模式的話，男性就會失去「等待」的時機，即使副交感神經處於優勢，但被女性「弄到想射」的危險性也會提高。

因此，對陰莖持久力沒有自信的男性，爲了盡可能減少讓女性掌握主控權之騎乘位的時間，應盡早將女性的身體拉近自己，並使用抱姿騎乘位。使用這種體位時，女性即使在上面也會難以擺動腰部，而使主控權回到男性身上。請藉由男性的引導，來進行由下往上的緩慢突進的活塞運動。由於這種體位不會插入太深，所以剛好可以用龜頭的邊緣來刺激陰道口附近。腰部擺動方式的重點在於：想像著用龜頭的邊緣「壓迫」著陰道口就行了。

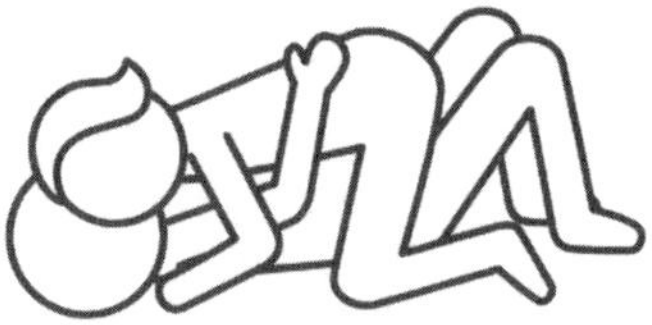

抱姿騎乘位

大腿交叉側位

「大腿交叉側位」指的是男性用兩腳把女性的左腳夾住的交歡方式。這種體位乍看之下可能會有點像是在耍特技的感覺，不過因爲女性只需要將一隻腳張開，所以即使身體柔軟度不好也能簡單做到。這會比看起來的樣子還要更加能夠讓局部緊密黏貼在一起，並**享受深度插入**的感覺。

大腿交叉側位

這種體位最大的優點在於兩個人都是橫躺的姿勢，所以彼此都能夠緩慢從容地交歡。此外，從我的實際經驗來看，這也是相當**容易進行呼吸法**的姿勢。因爲女性和自己臉部的距離被拉開，所以不太需要擔心會被女性發現你在進行呼吸法，一旦想要射的時候，隨時都能透過呼吸法來迴避進入射精區。這個體位你一定要嘗試看看。

剛開始的時候，你也許會有「無論怎麼做都還是忍不住」的狀況。可是如果因此就放棄，而萌生：「啊！算了啦！我要射了！」的念頭的話，那就失去訓練的意義了。

對此，這裡提出一個建議，我要告訴你在這個時候，我是怎麼處理的。

首先，將陰莖拔出來。看到這裡，你可能會覺得一般的男性都做過這種事。不過我拔出來之後會**去廁所小解**，爲什麼這麼做呢？

透過交歡來進行氣的交流之後，興奮度會提升而變得難以忍耐，所以此時在肉體上也會出現變化，就是「局部發熱」的現象。就如同「性能量＝熱能量」的說法一樣，身體會逐漸變熱。這股熱最終會集中在局部，透過小便就能將這股熱從體內釋放出去。

小解之後還需要做一件事，就是以自來水浸濕的毛巾冷卻陰莖局部、額頭、頸部三個部位，透過讓身體冷卻**使興奮度隨之冷卻**下來。

做到一半跑去上廁所，雖然對女性很不禮貌，但是在訓練期間，再怎麼樣都忍不住的時候，就請嘗試一下這個方法。這是可以立即見效的方法。

對緩慢性愛的「誤解」，與局部性愛

因爲「緩慢」這兩個字，而產生「緩慢性愛＝長時間性愛」的聯想的人應該不在少數，不過這是一種誤解。如果一接受媒體採訪，就不禁要起嘴皮子，說出「做愛超過三個小時是家常便飯」之類的言語，這心態眞是不可取。做愛時間長，並不表示就是緩慢性愛。若以時間這個關鍵字來定義緩慢性愛的話，那麼解釋成「**不受制於時間的性愛**」，不也說得通嗎？

緩慢性愛原本是爲了與常見的垃圾性愛相對照，而創造出來的名詞。我所否定的是不重視女性的，充滿**男性本位主義的性愛**。要是說「正確的性愛＝做愛隨時保持三個小時以上」的話，對於忙碌的現代情侶、夫妻來說，簡直是完全不適用的性愛指南。

我使用緩慢性愛一詞，要向日本男性傳達的事情之一就是：現在大家所認定的「正常性愛」的行爲之中，有**很多都是錯誤且沒常識的**。

舉例來說，一般男性大多都會認爲「讓女生有感覺」就算是好的性愛。當然，身爲男人，一定得讓女性滿足才行。不過，「我要靠技巧來讓她高潮！」而投入其中的男性，卻忘了一件很重要的事，就是**要意識到必須讓女性「變成感覺敏銳的體質」**，並且

為了達成這個目標而使技巧精進。

此外，幾乎所有的男性都覺得做愛應該從床上開始，不過以**在上床之前就已經開始**的認知爲基礎，才是眞正的緩慢性愛。其實，光是和我一起吃個飯、看場電影，就被挑起感官慾望而內褲溼透的女性並不少見。我在約會時並不會一直聊著女性不喜歡的話題，更不需要像瘋了似地觸摸女性的身體。對於性感腦已經被開啓的女性，只要由衷地去讚美，溫柔貼心地對待，如此就算沒有肢體上的接觸，也能讓性能量的交流開始運作，使女性覺得約會完可能會發生什麼事而小鹿亂撞，因而**進入輕微的感官興奮模式**。

趁這個機會告訴你一件事，女性先「有感覺」之後才會濕的觀念也是錯的，眞正的情況是，女性是因爲「期待與興奮」才濕的。

因此，我自己只要進入賓館，可能也會突然就**直接從交歡的動作開始**，這是很自然的。因爲對於在約會階段就已經結束前戲的女性，到了賓館之後還在床上禮貌性地從頭進行前戲的話，**這樣的男人根本不懂得察言觀色**。

每次聊到這裡，大家總是會很驚訝地想著：「推行緩慢性愛的亞當先生居然會這麼做？」其實性愛應該要比大家所想像的還來得更自由一些，萬不可墨守成規。

說到自由，「不射精，做愛就不算結束。」的想法也是一種剝奪自由的惡性刻板觀念。當然，如果女方也希望你射精的話，身爲男性就要好好的滿足對方的期待。不過，理想的性愛過程是讓**彼此都忘記時間的流逝，只要時間允許就縱情地貪求快感，共享愉悅**。我並不是說絕對不要射精，這一點請不要誤會。我眞正的意思是，如果過度拘泥於射精，或是把射精看成是做愛的「結束」，**反而會覺得礙手礙腳**，而無法自由且充分地享受性愛。

以我的情況來說，我自己在做愛時，三次之中大概有一次會射精。做愛時，眼前被反覆放大，滿足所愛女性的「感官興奮之美」——如果和這種最棒的愉悅相較，瞬間就結束的射精快感簡直不值一提。

不管是沒有前戲，還是沒有射精的交歡，無論哪一種都可算是緩慢性愛。

我把沒有前戲與射精的交歡稱之爲「單點性愛」（相對於有前戲和射精的，即稱爲「套餐性愛」）。

「雖然想做愛，但一想到明天的工作，就覺得時間不夠。」

這種想法對忙碌的現代人來說，我認爲是相當符合實際狀況的。因此不妨假日時花足時間進行完整的緩慢性愛，而忙碌的時候只做單點性愛就好了。依照這樣的方式來輕鬆建立性生活，既能和伴侶發現不同的做愛方式和步調，也能預防性冷感的問題。

最重要的是，從射精中解放究竟能夠深入探索到多少性愛的箇中滋味，也得親自體驗才能明白。

單點性愛可以透過下述情境來享受，我將自己愛用的兩種單點性愛推薦給你。

晨間性愛

這種「晨間性愛」特別要推薦給三十歲以上的伴侶。

正如其名，這是指在早上做愛。有效地活用「晨間勃起」，將身旁熟睡伴侶的內褲脫去，以側位方式插入。爲了順利插入，務必使用按摩油做爲潤滑劑。緩慢地插入之後，不能進行激烈的活塞運動，最重要的目的在於「享受結合成爲一體的感覺」。比起腰部的擺動，更重要的是將伴侶緊抱，並來回晃動身體的微妙擺動。光是如此就會引發性能量的交流，伴侶也會**展現出輕微的感官興奮**。接著重點來了，請**享受這種輕微感官興奮的感覺，直到最後**。也就是說，**不要以追求絕頂快感的感覺或以射精為目的**。年輕的伴侶此時都容易不假思索地滿足那股油然而生的慾望，而出現把女生當作自慰工具的垃圾性愛，可是如此一來就大錯特錯了。

如果你是熟男的話，此時一旦射精，反而可能會覺得精疲力竭。請試著不要以射精為目的，而是從伴侶那邊獲得「當天所需的活力」。

擺脫「前戲↓插入↓射精」的刻板觀念而獲得自由，不正是中高齡男性的特權嗎？

連續劇性愛

之前談過，我私底下做愛時並不常射精。

做愛時如果不射精的話，會怎麼樣呢？簡單來說，就是**下次再繼續**。如果不射精的話，因為做愛而產生的性能量會一直積存在體內，等到下一次的時候，性的慾求與感受度就能從更高的層級為基礎再開始。當然，做愛時的內容也會變得更深入，**滿足感自然就跟著提升**了。這種感覺就跟觀看連續劇沒什麼兩樣，因為殘留前一次的餘韻，所以會像看到下集待續的提示一樣，對下一次充滿期待。

我將這種持續不射精的做愛方式命名為「連續劇性愛」，並強力推薦給中高齡男性。連續劇性愛最大的好處在於，可以把性能量當作存款一般地儲蓄起來，藉以持續維持宛如年輕時的猛烈性慾。如果每次做愛時男性都興致高昂，對女性來說也是一件值得開心的事。

連續劇性愛具體的享受方法之一，就是把原本要花費兩、三個小時來進行的完整做愛過程切割成幾個階段。

舉例來說，第一天請以接吻做爲主要的前戲。隔天，使用嘴巴做陰部與陰莖的口交。第三天，前戲只要稍微做一下就可以直接大肆享受交歡。整個過程大致就是這樣。即使是第三天的交歡，也不是非得射精不可。「不射精，做愛就不算完整結束」的刻板觀念才是奇怪的理論，彼此都不需要拘泥於「射精」或「高潮」，只要以純粹享受性愛爲目的，就能從莫名的壓力或沉重感中解放出來。

就如同工作的方式會隨著經驗的累積而逐漸變通一樣，性愛也會伴隨著年齡或是體力上的變化而逐漸進化，不管怎樣，隨時都能享受其中才是明智之舉。

請務必試試與所愛的女性共同營造出屬於你們自己的連續劇性愛。

第4章 重點整理

- 藉由克服早洩來獲得比過去多出數倍，甚至十倍以上的快感，讓性愛更加愉悅的「高潮技術」。
- 性愛是一種「知性的創意行為」。
- 最受歡迎的「正常體位」，會使交歡的時間縮短。
- 女性之所以會有不滿足的感受，大多是因為交歡時間不足導致的。
- 理想的做愛過程是，只要時間允許就讓彼此忘記時光的流逝，縱情地貪求快感，共享愉悅。

第5章

從身體核心來滿足性慾的技術

似是而非的「交歡＝活塞運動」的常識

一般女性認爲的「理想插入時間」大約是十五分鐘。不過，十五分鐘眞的是符合女人性機制的理想交歡時間嗎？答案是NO。把A片當成性愛教科書的男性，通常會一面倒地以活塞運動的垃圾性愛爲基準，而女性只好不得已做出十五分鐘這樣的回答，要是以緩慢性愛爲基準的話，女性的回答**就會完全不同**了。

你應該已經充分了解，性愛的本質就是性能量的交流。做愛時，最能讓性能量的交流順暢進行的就是交歡。彼此雙手互握、接吻，都會啓動性能量的交流，不過就像「將插頭插入插座的狀態」，一般的交歡是最有效且合理的性能量交流方法。「通電」的時間越長，性能量自然就會變得越強。十五分鐘算什麼，還嫌不夠呢！

我爲了研究女性的性感受（性交時的感覺），與開發新式的性愛技巧，光是在這幾年之間，和我一起進行緩慢性愛實戰演練的女性就將近兩百位。在這些女性之中，結束後對於理想的交歡時間，有幾位會回答至少要「三十分鐘以上」和「一個小時以上」，甚至還出現「無止境」的答案。因爲並不是詢問全部的人，所以就算十五分鐘以上的答案無誤，但是對講求緩慢性愛的女性來說，她們認定的理想時間的平均值並不會出現在這個統計數字之中。對此，有時我不免會想，如果也能對過去曾參與緩慢性愛實驗的一千名以上女性做問卷調查就好了，不過既已過去，再怎麼遺憾也無濟於事。

一般男性只要一插入，就會**開始猛烈地死命進行活塞運動**，整個人處於只想著「射精」這兩個字的狀態，這就是垃圾性愛的真面目，因此女性沒有感覺也是理所當然的。稍微接個吻、做做前戲，再來點口交，之後就插入進行活塞運動而達到射精。前戲花了十五分鐘，而插入卻只有五分鐘。把這樣平均不到二十分鐘的射精行動視爲「這就是一般的性愛」，才會讓女性對於插入這件事，覺得在開始做愛到射精之前的過程中，男性有種只想要女性「把陰道給我」的惡劣感受。因此，有「被插入並不舒服」，「從來沒有過陰道高潮」感覺的女性，當然會覺得「只要給你十五分鐘就夠了吧！」

要是你認爲「做愛等於活塞運動」的話，現在請馬上將這種想法**當作不可燃的垃圾立即丟掉**。只要說了一個小謊，爲了要圓那個謊，就要編出更大的謊，使得錯誤的知識就這樣讓相愛的男女**墜入無底深淵**。

愛撫的基礎就在於「超輕柔」，就連對待陰道也是如此。不用說你也該知道，女性的陰道是性感帶的大寶庫。這個方法當然也適用於其他性感帶，緩慢地花時間輕柔地持續愛撫，就是帶給女性眞正喜悅的唯一方法。

不過，誤以為「激烈的活塞運動會讓女性有感覺」的男性，一旦看到女性的反應不太熱烈，甚至還會加速進行。這簡直就是**惡性循環**，而且對女性來說**痛苦也更深**。

交歡指的是「陰莖對陰道的愛撫」

「性愛＝活塞運動」這種似是而非的常識，你應該已經丟到垃圾桶了吧！接下來，我將能夠**引起性愛革命的新常識**傳授給你，這個新常識就是「交歡是陰莖對陰道的愛撫」。

因為獲得了超洩的能力，所以我的交歡時間可以從原來的一分鐘變成「平均兩個小時以上」。時間之所以能夠變長，原因並不光是早洩問題消失，而是透過游刃有餘地享受交歡，使看待性愛的價值觀轉變，這才是最大的原因。

只有垃圾性愛經驗的女性，聽到「平均兩個小時以上」這樣的話語，可能會聯想到我在那兩個小時以上的時間中，就像AV男優那樣不斷地擺動腰部，而覺得：「不行不行，太久了啦……」而仰天長嘆。其實我在這兩個小時的時間內，並不是不停地擺動腰部，如果是這樣的話，肯定會累攤，而女性的那裡應該也會覺得很痛吧?!

無論是我或是我的對象，在這麼長的時間中，並不是只得到活塞運動的摩擦之類的物理性快感而已，同時我們還享受著性能量交流的精神性感官愉悅。捉摸不定的輕微性興奮會將男女雙方引導到幸福的境界，這樣的認知得親自體驗才能夠領會。對我來說，性愛是一種從開始到最後，都持續親密地愛著女性的行爲。

請現在就從垃圾性愛轉換到緩慢性愛。爲了要達成這個大前提，交歡技巧的意識改革更顯得格外重要。男性本身若要將舒服愉悅視爲主要的重點，其實只要**改掉用活塞運動決一勝負的腰部擺動習慣**，而在下一次做愛時，試著以「藉由陰莖來輕柔地愛撫她的陰道」的心情來交歡。光是這麼做就能確實有別以往，讓你的腰部擺動方式**更接近女性需要的理想狀態**。

道理就是這麼簡單，問題全出在你過去並沒有意識到「用陰莖愛撫陰道」這件事，既然沒有意識到，當然就不會這樣做。原本就擁有溫柔特質的男性，只要學會正確的知識，很快就能在床上**發揮令女性嚮往的真男人本色**。

無論男女，大多數人一直以來都是把重點擺在想要趕快射精，想要趕快達到高潮上面，結果當然就是縮短交歡的時間，而無法眞正體會到性愛的本質。不要去在意時間，而是持續「享受捉摸不定的輕微快感」，在臨界點到達之前放大雙方性能量的總和，如此一來就能正確地在對的時機啓動「爆發現象」，並獲得**強烈且絕頂快感**的精采射精瞬間。

請以陰莖輕柔且**全心全意地愛撫**整個陰道吧！將交歡的意識從「爲了射精的活塞運動」，轉換成「對陰道的愛撫」，光是如此，肯定就能夠讓女性對和你做愛的評價大幅提升。

使用腰部的重點在於「壓迫」與「振動」

接下來傳授讓你使用腰部的技巧升級的知識。

關鍵字就是「壓迫」和「振動」。

進行活塞運動時，腰部使用方式之所以行不通的原因，主要有兩個。第一，會**直奔射精點**。第二，**刺激會變得單調**。活塞運動時的刺激方式就是「摩擦」。一味地揉搓陰莖，也就是透過激烈摩擦來感受快感的男性，是難以領悟上述原因的。其實女性是一種

不耐「壓迫」與「振動」這種類似摩擦刺激的動物。

首先就從「壓迫」說起。從小就知道自慰的女性應該很多，自慰的方式雖然很多，但最受歡迎的就是將棉被或枕頭用力壓在胯下的方式，只是當時年紀還小，並不曉得那就是自慰，但還是會陶醉在整個生殖器官被壓迫的舒服感之中。

接著談到「振動」。對許多人來說，一想到振動，腦海中首先浮現的多半是跳蛋之類的用品。性開放的女性很多都不會只滿足於對陰蒂的振動刺激，而會把按摩棒插入陰道來享受振動的快感。

我曾聽過一個有點罕見的例子：有位女性在學生時代加入了管弦樂團，擔任長號的吹奏手，每當她吹奏時，整個身體就會以子宮為中心感受到一股性快感，使她感到相當困擾。

從這一點可以得知，女性能夠透過「壓迫」和「振動」**感受到性的快感**，而且這樣的特性在女性的生殖器官周圍與陰道內更爲顯著。

可惜的是，幾乎所有的**男性都不懂**這樣的性機制。從那些AV男優用做作的方式來嘗試愛撫G點，就可看出他們有多麼無知。最後**百分之九十九都嘗到失敗**的後果，正因爲他們的腦子裡欠缺「壓迫」與「振動」的認知。關於G點的愛撫，我在另一本書中已經提過了，在這裡就簡單地整理說明一下。以指腹壓迫G點隨即放開、壓迫立即放開，以高速進行「開關運動」，使之產生振動，就是這個技巧的旨趣。許多男性認爲刺激就等於摩擦，於是像在挖掘東西一般地用力以指尖在陰道內**亂動**。這可是**會弄痛**女性的，使用錯誤的技巧，卻還認爲「爲什麼無法潮吹？是不是太冷感了啊？」而怪罪女性，這種無禮之徒實在**令人討厭**。

了解以陰莖來愛撫陰道的新常識之後，請把「只要壓迫與振動陰道，就能收效」的正確知識，牢牢地記在腦子裡。

下面介紹各種刺激方式，以及基本的腰部運用技巧。

【各種刺激．基本的腰部使用技巧】

壓迫：當陰莖緩緩插入至根部之後，龜頭前端會貼著陰道壁。我把這個位於陰道最深處的陰道壁命名爲「A點」，這是一個相當不錯的陰道內性感帶。以龜頭的前端猛烈地按住，並暫時貼壓在這個A點上，接著稍微輕輕拉開腰部，把頂住的壓力紓解掉。反覆進行這種愛撫方式。

振動：以後背體位的方式將陰莖插入至根部之後，腰部輕輕地前後移動，以便讓A點產生振動。重點在於要以自己的下腹部和女性的屁股緊緊貼在一起的姿勢來做這個動作。

摩擦：摩擦的刺激之所以會讓女性覺得舒服，是因為陰道口附近的感覺比陰道內還要敏銳。在做「抽」的動作時，如果只是抽拉一半左右，就沒什麼作用了，要抽離到讓陰莖的冠狀溝部位被陰道口含住的程度。

即使是相同的性感帶，**只要改變刺激的方式，快感的品質也會隨之改變**。將壓迫、振動、摩擦等三種刺激配合體位，刻意地組合運用，讓女性獲得的愉悅更為豐富多元，相乘的快感將會**放大好幾倍**。

此外，給予壓迫或振動時，由於不能大幅擺動腰部，想要射精的**危險情況也會跟著降低**，這一點可說是意外收穫。增加刺激的方式，也是一種能讓男性更充分地享受長時間交歡的**有效祕訣**。

性愛的美妙之處在於「相互愛撫，相互挑逗」

之前提過，交歡就是「用陰莖來愛撫陰道」。反之亦然，交歡也可以是女性對男性「用陰道來愛撫陰莖」。並不是只爲了自己舒服，而是雙方都想要讓對方感到舒服，男性用陰莖，女性則用陰道，相互愛撫彼此的生殖器，讓兩個人同時**沉浸在如夢一般的快樂之海中……**。難道你不覺得這實在太棒了嗎？這就是你以往沒有察覺到的，**性愛的美妙滋味**。

性愛的本質指的是彼此「相互愛撫，相互挑逗」。

不過，從現實層面來看，進行緩慢性愛時，即使以「極致」的相互愛撫、相互挑逗的方式來交歡，最後也會變成一廂情願。大多數男性終究只顧著邁向射精之路的活塞運動，摯愛的女性爲了不傷及男性的自尊，於是假裝很有感覺或高潮。與其說這是遺憾，不如說是一種不幸。

最理想的情況無非是「同步邁向高潮」，對一般的伴侶來說，如果男性這方面經驗相對較豐富，女性屬於容易高潮的易感體質的情況下，偶爾也會出現同步獲得高潮的情況。可是如此一來，男性往往就志得意滿搞得像是得了什麼大獎一般地，認爲「做了一場最棒的愛」而狂喜不已。其實從另一個角度來看，這只能算是垃圾性愛所能達到的極限罷了。能夠同步獲得高潮確實是一件相當美好的事，可是兩個人同步高潮的持續時間，其實不過就是**那麼一瞬間而已**。

性愛指的是「相互親愛的行爲」。因此，無論一起做了什麼事，重點都在於「要一起進行」。結婚典禮時一起切蛋糕，對夫妻來說是最初也是最後的共同作業，這可是一件很嚴肅的事情。因爲那並不是一瞬間的滿足，而是往後將要慢慢地、長久地享受「一起感受彼此的時間」的開始。而在性愛方面，兩個人一起思考，並增加「相互愛撫，相互挑逗」的情況與時間，也是相當重要的課題。

和所愛的女性「在一起」的時間當中，你有多麼享受其中呢？能讓女強人爲之口交的男性，沒有人會因此認爲他是「何等男子氣概」。反之，男性一直掌握主控權，並持續支配女生的性愛，在以往的性愛價值觀中，一般人可能會有他「確實有盡到男人的本分」的印象。不過性愛並不僅是一味地追求快樂，滿足性慾就行了，當中還要加入尊重、關心彼此存在的元素，一邊將心比心，一邊逐漸彼此契合的**極致愛情表現**，這才是眞正的性愛。這樣的性愛是一種將難以言喻的愛傳達出去的極致溝通交流。有時我們會用傳接球來比喻雙方的對話與溝通。性愛也應該從日常生活的各種制約之中解脫出來，自在地享受**快感交流**的傳接球，讓兩個人之間的愛成爲更眞切、甜蜜的羈絆。

雖然單方面進行愛撫當然有其優點——主動與被動的角色分配會清楚地區分出來，因此能夠專注於自己的角色之中。尤其是對女性來說，由於性感受神經的敏銳度會增強，所以會變得更加敏感或是更容易高潮。「百分之百處於被動的狀態」也是感官享受的方法之一，因此我並不否定區分主動、被動的角色，我只是想表達「讓一起相互感受的時間變得更多」這樣的想法。

當一起相互感受的時間變得更多之後，美好的事情也會跟著發生，也就是**性能量的交流**。彼此身體中處於「蓄勢待發」的性能量會在彼此愛撫、相互感受之後開啓交流的迴路，在對方的身體中瞬間開始流動。性能量會透過在男女雙方的身體之中循環，使其質量產生跳躍性的提升，而產生像是自體發電的狀況。如果把性能量的變化比喻爲能量強度從原本的風力發電升級到核能發電，你應該就更容易理解了。

性能量放大之後，性感受的水平也會跟著提升，使雙方都變得比過去更爲敏感。另外，正如同第三章所說的，性能量的交流會讓男性較不那麼容易想射精。當中的好處不勝枚舉。

然而，大部分的伴侶對於相互愛撫的方式，大多就只有69式一種而已。我並不是說

69式不好，不過在我的性愛學校中，並**不會特別傳授這種方式**。原因有二：第一，69式的姿勢容易讓交感神經居於優勢，所以容易凝聚插入慾和射精慾。第二，男女雙方很容易流於「高潮競賽」的狀態之中，如此一來必然會縮短從容品味快感的時間。

性能量的強度和愛撫時間的長短成正比，交流時間一旦縮短，性能量就無法增強，自然無法讓女性獲得從身體的內到外的全面高潮。

對此，我提出能夠一邊從容享受，一邊實際感受性能量交流的「雙人撫觸法」，這是一種相互愛撫的技巧，下面緊接著進行解說。

讓愛無限綿延的「雙人撫觸」

男性以手愛撫陰蒂，同時女性也用手愛撫陰莖，這就是「雙人撫觸」。進行雙人撫觸時，根據經驗或情境的不同，即使是基本的體位也有十種以上，不過對初學者最推薦的就是「並肩仰臥式」。

這種體位非常簡單：全裸，肩並肩躺在床上，呈「並肩仰臥」的姿勢，接著女性持續仰臥著，男性則轉向女性側躺，這樣位置就調整好了。之後，男性以右手愛撫陰蒂，女性則同時以右手愛撫陰莖。

雖然相當簡單，但即使是擁有想嘗試各種性愛的強烈好奇心的伴侶，卻都很少使用這樣的方式來觸摸彼此的生殖器。由此可知，「相互愛撫」的重要性並沒有被發現。

很多時候，一般的伴侶爲了追求刺激或興奮感，而容易偏向使用情趣用品或SM之類的玩法。雖然不能斷言這樣不好，但說到底也只不過是一種性愛的選項罷了。就算一時能夠享樂其中，也只能算是一種暫時性的方法，遲早會玩膩的。一旦玩膩之後，便會想要**追求更為激烈的方式**。就像大富翁會遇到的困境一樣，當想買的東西都買盡後，無論是多麼高價位的東西，他都覺得毫無魅力。過度激烈的玩法到頭來只會落入這樣的下場。

雙人撫觸是一種**不會煩膩**的方法，原因在於相互愛撫就是性愛的本質。就如同日本人吃不膩白米飯一樣，只要兩個人的愛情不滅，就能夠永遠享受下去。或許，雙人撫觸也可以說是能夠永遠刻印雙方愛情的正確解答。

先前提過，透過相互愛撫所引發的性能量交流能夠提升性感受的水平。只要持續相互愛撫，相互挑逗，身體就會成爲性能量的「蓄電器」，隨著充電時間的增加，能量也逐漸放大，而且這種效果是能夠持續下去的，不會像電池用久了會衰竭一樣。換句話說，並不光是在當下變得敏感，只要持續進行，敏感的體質就會像養成遊戲那樣，**不斷地升級**。

這種傾向特別**容易顯現在女性身上**。體驗過越多舒服的性愛，女性就會越喜歡做愛。剛開始交往的時候，覺得「對性愛的喜好只是一般般而已」的女性，只要習慣了相互愛撫、相互挑逗之後，就會變身成爲「超喜歡性愛！」的女性。重點是，要讓女友變得超喜歡性愛，必須靠你自己。在女友的心中，一輩子都會記得你就是「讓自己變成喜歡性愛的男人」。對男人來說，沒有什麼比這個更令人開心的了。

回到雙人撫觸的話題上，這個方法雖然很簡單，但爲了要享受雙人撫觸，一定要遵守一個重要的原則，就是絕對不能想著要讓對方高潮。請立即將過去一直以來受制於「高潮、使其高潮」的性愛觀念**直接丟掉**。雙人撫觸並不是一種高潮競賽，而是要享受其中的「感覺」。另外，最爲重要的是雙方必須對此建立共識。

此外，雖然「想讓對方舒服」的心意是不可或缺的，但是嚴禁過度在意「要讓對方有感覺」的心態。一旦時時掛心要讓對方有感覺，這樣的情緒將會不知不覺傳遞給對方，而讓對方產生「自己一定要再有感覺一點」的**壓力**。

不要拘泥於「高潮或使其高潮」的意識，而是要將性愛的本質，也就是「相互愛撫，相互挑逗」的享受發揮到最大限度，這個極致享受的訣竅就在於「**快感只要維持在六到七成**」就好。

想要擁有更舒服的感覺，一心追求強烈快感的男性，聽到我這樣說，可能會覺得不知所措、混亂不已。對此，接下來會再詳細解說，事實上，幾乎所有日本人都曾忽略在過去曾經感覺到的「輕微」快感之中，其實都隱藏著可以讓女性從身體的核心直到體表皆高潮的祕密。

陰道是難以高潮的性感帶！

不假思索地拘泥於「高潮、使其高潮」的垃圾性愛，並奉之爲正常性愛的男性，總是認爲讓女性達到高潮就是性愛的最高級。然而，「高潮」也是有**強弱之分**的，即使是有早洩疑慮的男性，也可以分成幾種，像是雖不滿意但能接受的射精，以及已經想射了卻仍慾求不滿的，**充滿殘念的射精**。請牢記一點：女性對高潮強弱的感受幅度也**遠比男**

性來得大。

「快感」、「感官慾望」是做愛時不可或缺的要素。我認爲只要能夠感到舒服，大家都會做愛，也都會想做愛，這些都是不容置疑的。問題就在於一般人大多都只是一味地被「快感越大就越舒服」的心態給束縛住了。

一般人通常認爲快感的最高級就是「高潮」。不過，如果將性愛比喻爲一座廣大森林的話，那麼「高潮」其實只不過是一顆比較顯眼的樹木罷了。如果總是將目光焦點放在「高潮」或「強烈刺激」之類的大樹上，就如同「見樹不見林」的成語一樣，無法察覺到性愛眞正的美妙之處。而構成整體性愛森林之樹木的數量，幾乎像是「輕微快感」的數目那麼多，重點就在於輕微快感的樹木種類是「無限」的。女性的身體中布滿無數的性感帶，這些無數的性感帶因爲部位的不同，所產生的快感水平或品質也各不相同。不僅如此，即使是相同的性感帶，只要改變刺激的種類，像是變換著使用「摩擦」、「壓迫」、「振動」、「舔舐」、「咬」等方式，就能展現出不同的感官興奮。因此，快感的種類是**豐富且多樣**的。

然而，現在無論是誰都只會追求「強烈的刺激」、「極大的快感」。如果把這比喻爲「飲食」的話，就好像每天都吃高級牛排一樣，無論多麼美味，如果一直吃個不停，最後還是會膩的。因此應該從前菜開始，接續端出沙拉、湯品……，直到最後的點心，唯有品嘗完整的餐點，才能讓一頓飯變得更美味、更享受。雖說有時礙於各種因素，以致於並不是一定都能如願享受「完整」的性愛，不過只要有想要更上層樓的意願，那麼就應該意識到要想辦法讓自己能夠「遍嘗」各式各樣的快感。

遍嘗變化萬千、無限存在的「輕微快感」，這才是性愛本質的美妙所在。而讓女性從身體核心去感受，則是唯一的方法，原因爲何呢？

只要以遍嘗輕微的感官興奮的認知來享受性愛，女性體內的**性能量自然就會被放大**。性能量一旦放大，就會發生變化而成爲更敏感的體質，並且更能生動地感受輕微的性興奮。此外，持續地愛撫而讓性能量滿溢的話，就會像水從杯子中溢出來那樣，自然地**引爆性能量**，這就是「高潮」本質。

你知道「體外高潮」和「體內高潮」嗎？這是在女性之間流傳的暗語，指的是透過陰蒂獲得的高潮叫做「體外高潮」，陰道裡面的高潮則稱爲「體內高潮」。爲什麼會做這種區分呢？因爲對女性來說，體外高潮和體內高潮的**感官興奮水平與品質完全不同**。即使是男性，我認爲應該也隱約能夠了解這回事。

爲了讓女性從身體核心獲得高潮，一定要知道一個重要的性知識，就是「**陰道是**

難以高潮的性感帶」，和容易高潮的第一名性感帶——陰蒂截然不同。陰蒂明明能夠快速達到高潮，可是「陰道卻一次都沒有過」的女生應該不在少數。不，應該說，沒體驗過陰道高潮的女性比例可能比較高。無論活塞運動多麼強烈，即使是性感受度良好的女性，體內也無法充滿性能量，因而難以讓陰道高潮。不過也正因爲如此，陰道的高潮是一種體外高潮無法與之相提並論的超高境界，帶給女性的感官興奮更是深刻。

你是否已經了解「遍嘗輕微感官興奮」的意義和價值了呢？事實上知易行難，腦子裡就算釐清了這個觀念，可是實現起來卻不容易。因爲在愛撫女性的時候，一般男性如果沒聽到「啊啊！呼呼……呀啊！」之類的喘息聲，大多就會覺得無趣。這不曉得是因爲A片看太多，還是自己的女伴無法做出像AV女優那樣厲害的反應，而感到不滿足，因而迷失於拚命愛撫的行爲之中。

由於女性也會有「想要得到更舒服的感受」的念頭，所以也傾向於要求男性給予更強烈的愛撫。如果是體貼的男性，他會更想滿足女性的心意。不過，這種乍看之下自然慾求的感覺，其實會讓雙方**離性愛的本質越來越遠**。

儘管現在多數的日本人都會追求「強烈的快感」（並視之爲重點），可是由於這種快感的質量不高，而且快速追求快感的垃圾性愛越來越常見，反而背離了性愛本身的豐富性，結果就如同每天都只吃垃圾食物一般，這種適得其反的差勁狀況只能說實在太諷刺了！

請改變你的心態。爲了要實際感受到性愛本質的感官享受，就一定要看得見那些象徵輕微感官興奮的樹木才行。不光是男性，女性也可以察覺到六到七成的中庸快感，並將其做爲前戲或交歡時的**理想快感**。

這個觀念要成爲相愛男女的共識，並加以運用，這是男性的使命、愛情，也是女性要求男性該有的愛情主導力。

符合兩人相親相愛的言詞，就是「享受輕微的快感」，請相信我，這個概念會爲性愛引發一場革命。

複合愛撫的道理就是「團結力量大」

複合愛撫指的就是同時愛撫兩個部位以上的性感帶。大家應該都知道的「三管齊下」（同時愛撫陰道、陰蒂、肛門）也是其中一種。這樣解說，你或許會覺得這是一種特別高階的技巧，不過這種「覺得好像很難」的印象，其實**完全是錯誤的**。

即使是一般男性，平常做愛時也經常一邊接吻，一邊按揉胸部，或一邊吸吮乳頭，一邊撫觸女性的生殖器，這也是一種相當卓越的複合愛撫。達人與素人之間的差別，只是複合愛撫做得多麼澈底而已。

和我實際做過愛的女性，都會因爲「第一次這樣做愛！」「一直以來都不知道自己的身體可以有這種感覺！」而頗爲感動。我並不是在炫耀自己的技巧有多好，要說我和一般男性之間的差別的話，與其個別從技巧上來比較，不如從是否抱持著「愛撫＝複合愛撫」的觀念來討論。一般男性在應用時，幾乎都是以使用一種技巧爲基礎，再搭配同時進行兩種技巧的方式，不過我卻是融會所有的愛撫技巧而成爲複合愛撫來進行，這是**我自己的一貫做法**。

我今天一旦決定要進行完整的緩慢性愛，就會在女性全身的性感帶執行亞當撫觸，並持續**一、兩個小時**。我自己在做愛時，並**不會漫不經心**地使用右手和嘴巴，而是隨時一邊以右手執行亞當撫觸，同時不停地反覆使用口技。陰部口交的時候，大腿內側與外側都會進行亞當撫觸，並伸直雙手愛撫乳頭。即使是在交歡的過程中，我也不會讓手閒著。採取面對面上身立位的時候，我會愛撫大腿；使用面對面坐位時，愛撫背部；使用後背位時，愛撫臀部；使用騎乘位的時候則愛撫胸部，大致以這樣的感覺去使用右手來愛撫各處性感帶。交歡的時候，則使用「以陰莖愛撫陰道＋亞當撫觸」的複合愛撫。

接吻也是很不錯的愛撫方式之一。一邊使用亞當撫觸一邊接吻，一邊撫摸胸部一邊接吻，交歡的同時試著享受深深的接吻。如果能夠意識到接吻也是一種愛撫，就能夠複合性地加以活用了。

明明已經拚命愛撫了，但女性的感覺卻沒有想像中的明顯，這是因爲一般男性在接吻的時候，就只專注於接吻，陰部口交的時候就只專注於此，交歡的時候也只是一味地進行活塞運動，像這樣**每一種愛撫都是獨立進行**。這雖然不是毛利元就的「三矢之訓（譯註：「三矢之訓」源自於毛利元就（日本戰國時代人物）寫給其子的書信，提到「三兄弟若不互相團結一致，將會像一支一支的箭被折斷；但若是三支箭緊束在一起，就不容易被折斷了」的內容。）」但如果使用一種技巧無法使女性感到愉悅，那麼兩、三種技巧交互運用，這樣的相乘效果肯定會超乎你的想像。

同時愛撫多個部位的時間持續越久，威力就越大，只要持之以恆，自然會有成效。

需要注意的地方在於儘管嘴巴和手同時動作，可是如果只是使用「想要摸所以摸」、「想要舔所以舔」之類的自我滿足技巧的話，是**無法讓女性有感覺**的。必須由衷地懷抱著想讓女性有感覺的想法，不可或缺的並不是本能，而是**明確的戰略和具體的技術**。讓女性放鬆、有感覺，並將她引導到情慾模式，同時施加刺激的壓力，強化性感受的水平，這些都要著重於建立符合伴侶性感受與感官慾望水平等當下的狀況或個性的明確目標與戰略。

複合愛撫的基礎——「單手愛撫陰蒂」

爲了讓複合愛撫可以成爲緩慢性愛的前戲基礎，男性對滋潤性能量交流的雙人撫觸，必須要有基本熟練程度的實踐經驗——「單手愛撫陰蒂」。

如果是隨便且容易半途而廢的單手愛撫陰蒂，誰都能夠辦到。大多數男性在做愛的過程中也都會使用，不過幾乎所有的「單手愛撫陰蒂」都是**自己胡來的技巧**而已。你絕對不能小看性愛這回事，這裡要解說的，就是能夠將陰蒂潛在能力發揮到最大的具體且適當的正確技巧。

這裡要介紹兩種方法，但在這之前，請先學習愛撫陰蒂的基礎知識。要攻略陰蒂，必須注意兩個重大的要點。

第一種方法就是「單點攻擊」。陰蒂是女性的身體中最小的性感帶，因此有非常多的男性會將陰蒂視爲一個「**點**」，不過雖然是一個小點，但卻是「**立體**」的。如同你所知道的，陰蒂這種性感帶就等同於男性的陰莖，正如同陰莖最敏感的部位就是龜頭一樣，陰蒂前端也是最敏感的地方。因此在愛撫的時候，必須以陰蒂前端爲**單點集中火力**。此時不可或缺的技巧就是「推開陰蒂上面的皮膚」，很多男性都會忽略這個推開皮膚的動作。

從男性的角度來看，讓經驗不足的女性用手愛撫陰莖時，當她的手上下滑動，包皮就會像穿戴在龜頭上面一樣被愛撫著，男性們應該有過這樣的經驗吧？對男性來說，大概會因此而覺得傷腦筋並感到不滿。不去（不知道要）將陰蒂上面的皮膚推開的男性，就和不知道「要用另一隻手壓住陰莖的根部，讓包皮不要跑回去」的女性一樣。

第二是「超輕柔撫觸」。對性愛不滿意的一般女性經常會抱怨：「**愛撫陰蒂時太過用力會很痛**。」趁此機會告訴各位，目前有許多性愛指南的書中經常會寫道：「一開始要輕柔，再慢慢加重力道。」其實這也是不正確的。正確方式是：「從頭到尾都要保持輕柔。」誤以爲「越強烈的摩擦，女性就越有感覺」的男性，不說超高速撫觸，就連超輕柔撫觸都無法實踐。腦子裡沒有想到要讓對方更有感覺，就只是一味地使勁，對於這類不好的愛撫方式，女性常會用「使勁地搓」、「磨來磨去」來形容。上述做法簡直是

各種不良愛撫方式的集大成。

爲了實現「超輕柔撫觸」，要注意一個非常要緊的重點，就是愛撫的「**支點建立**」。愛撫陰蒂時通常會使用中指，不過做爲「施力點」的中指前端只能單點活動，而且爲了要給陰蒂理想的穩定刺激，所以「支點」就顯得**不可或缺**。

了解上述觀念的緩慢性愛初學者，一開始要學習的就是「**使用雙手來愛撫陰蒂**」。這種初級技巧雖然在我的其他著作中已經提過了，但這裡還是要再簡單說明一下：這是一種以左手將陰蒂上面的皮膚推開，然後用右手手心下方貼著女性的大腿，並以此做爲支點來進行的愛撫法。

換言之，這種使用單手的陰蒂愛撫法，有「推開陰蒂上面的皮膚」與「建立支點」兩大重點，如果是初學者可以用雙手進行，也就是各用一隻手來做。接下來趕緊從「以手腕爲支點的愛撫法」開始學習。

以手腕為支點的單手愛撫法

1. 首先將做爲支點的手腕（手心下方肌肉較厚的部位）貼在恥骨上。
2. 以手腕稍微施力緊貼，將手往上提（往肚臍的方向），以推開陰蒂上面的皮膚，建議距離爲三到四公分左右。
3. 陰蒂完全露出後，在這個位置固定住支點（手腕），以維持皮膚推開的狀態。
4. 用中指關節輕微擺動，以手指前端愛撫陰蒂。指尖的移動幅度以一到一點五公分左右較爲恰當。

以拇指為支點的單手愛撫法

1. 將做爲支點的拇指貼在陰蒂上方的恥骨處，就如同以手指按壓的感覺。
2. 拇指持續壓貼著，用手指往上按壓三到四公分，推開陰蒂上面的皮膚。
3. 陰蒂完全露出之後，在這個位置固定住拇指，並做爲愛撫的支點。
4. 與以手腕做爲支點的做法一致。

對初學者來說，一開始的困難處在於**「只靠指尖的感覺來確實掌握住陰蒂」**。探尋的方式其實**是有訣竅的**。如果無法找到陰蒂的位置，請將中指的前端貼在陰道口處，然後滑進小陰唇的裂縫，並將手指往上提。左右陰唇匯合的位置就是陰蒂。如果還覺得不習慣，可以一邊用肉眼確認，一邊掌握指尖的感覺。

有些男性學員會擔心「如果推開陰蒂的皮膚，女性是不是會痛？」其實女性之所以會痛，並不是皮膚被推開，而是愛撫過於強烈，這一點千萬不能搞錯。對於「女友被愛撫弄痛」的男性，我都會建議「請用平時力道的十分之一來試試看！」說十分之一或許是有些誇張，不過一般的男性認為「應該很輕」的撫觸，對女性來說通常都會覺得**過於強烈**。

單手進行的陰蒂愛撫，簡單來說其實是相當高階的技巧。不過，只要一學會這樣的技巧，愛撫的變化就會跳躍性地增加。請將其視為男性必學的課題之一，無論如何務必熟練才行。

「對大腦的愛撫」以三成生理、七成心理較適宜

對性愛研究越多，就越能清楚意識到**愛與性之間密不可分的關係**。愛與性就如同車子的兩個車輪一樣，如果某一邊爆胎的話，伴侶就**無法邁向幸福大道**了。這番說詞聽起來雖然很令人遺憾，但是日本人卻很少意識到這個天經地義的道理。

男性往往不知不覺偏向技巧，可是女性重視的卻是「愛情」。男女之間這種價值觀上的差異，並不侷限於對床事的不滿或煩惱，而是在日常生活中可能遇到的各種情況，也會衍生出沒有意義的裂痕或衝突。

即使**沒有愛，男人也可以勃起**。這種雄性的生態如果發生在女人身上，就會被認爲是一種不知廉恥、沒有貞操的行爲。對此，女性通常都會口徑一致地說「有愛情的性才是最舒服的。」在某種程度上來說，這種意見的確是正確的，但卻存在一個看似**樂觀的陷阱**：如果沒有愛的話，性就不舒服了。可是**只有愛而沒有性的話，也是有缺憾**的。

多數的日本人欠缺的就是「愛人的技術」。即使想和最愛的女性做一番舒服的愛，可是如果沒有兼具「愛人的技術」的話，就無法享受透過眞正的快感所引導出確認愛情、加深羈絆、滋潤人生的「**愛的行為**」。

接下來你要好好地克服早洩的問題。只要持續進行我所傳授的早洩克服訓練，一定就能夠達到夢想中的「超洩」境界。輕微或平緩的活塞運動並不會讓你想射，不過如果因此讓你極度愉悅，而變成只有機械動作的機器人的話，那就**太得不償失**了，因爲這只是又再徒增一名讓女性悲泣的爛男人而已。

對現代男性來說，爲了讓所愛的女性開心，克服早洩是非解決不可的課題。不過你絕對要釐清一點：早洩並不是一無是處，而超洩也絕非萬能。

性愛的整體實力大致可以分爲肉體層面與精神層面。

肉體層面包含性技巧、射精的控制力、體力的強度、腰力的強度、陰莖的大小、勃起力與持久力。性科學或醫學知識也屬於肉體層面。

我在將近二十年的時間中，不斷磨練技巧，勤於強化肉體層面。但對我來說，技巧或超洩能力等肉體層面的要素，在性愛的整體實力中所占的比例，最多也不過才三成左右而已。

其他的七成就是精神層面。精神層面包含愛情、傳遞愛情的技術。傳遞愛情的技術或許難以用文字表達，不過總歸來說，就是關心對方的方式，或是讓對方放鬆的談話術，以及氣氛營造與第六章將介紹的「讚美的能力」等。

很多男性不知道，這種精神性要素是性愛整體實力中相當重要的環節，或者更確切地說，根本不把這些要素當一回事。

舉例來說，許多女性常常會感嘆「日本男人爲什麼這麼不會營造氣氛呢？」原因可能是日本人很內向害羞，或是與外國的文化差異所致。但是營造氣氛，在過去一直就是性愛的常識之一。

下面就來談談相關的案例。我以前爲了研究，曾招募有性冷感問題的女性，然後對這些女性進行治療，但令我感到最辛苦的，不是怎麼去運用緩慢性愛技巧，而是如何讓她們在治療前的諮詢過程中放鬆心情。性冷感的原因，是因爲把肉體刺激視爲性快感的**「性感腦」還未啓蒙所致**。過去曾經體驗過的胡來愛撫或是性創傷，都會讓女性的心靈封閉起來，所以大腦無法產生相應的感覺。在愛撫肉體之前，溫柔地愛撫大腦，使其敞開心房，這比什麼都來得重要。女性在進入感官興奮狀態之前，一定要先進入「放鬆狀態」才行，這個觀念請務必牢記。要讓女性有感覺，關鍵在於「愛撫大腦」。實際感受到「舒服」的不是身體，而是大腦。

這一點不能光靠技巧，對愛過度期待也行不通，重點在於兩者之間的平衡。我認爲最好的平衡狀態就是「肉體三成，精神七成」。

當獲得超洩能力，能夠從容地面對性愛時，還要更進一步了解精神層面的重要性，並予以強化，才能更加圓滿。

初吻決定一切

在對性愛還懵懂無知的青春期，我光是想像著和喜歡的女孩接吻，就能神遊於這樣的夢境中好幾個小時。現在幾乎已經聽不到有人說「間接接吻」這個詞了。以前不小心喝到女生喝過的杯子，就會說：「啊！跟某某某間接接吻了啦！」而一邊臉紅一邊感到開心。光是對著喜歡的女生用過的杯子就能小鹿亂撞，如果跟她嘴對嘴接吻，心跳速度肯定會快到破表，這番說詞現在看起來，只不過是個笑話而已，不過以前還真的有過「如果跟她接吻的話，要我死都可以。」這樣的想法，當時要是夢想成真的話，我的心臟可能會在十六歲時就因心搏過速而衰竭了。其實不只是我，處男時期的男生，腦子裡對於接吻的看重程度應該會令人大開眼界。

可是，過去一直朝思暮想的接吻，在有了性經驗之後，地位似乎就接近跌停板了。

在垃圾性愛肆虐的現代，接吻已經淪落爲不過是平均十五分鐘短暫前戲中的一個小插曲而已。把接吻視爲只是一種**基本禮儀**的人應該不在少數，這種感覺很像是認爲「不接吻就直接插入，會被當成是個爛男人。」所以才隨意應付一下。

人類確實是一種容易對經驗過的事物感到膩煩的動物。因此，接吻時想要回到初吻之前的感覺，可能會有點困難。然而即使如此，如果不了解接吻的價値或重要性，將會是成年男性的**致命問題**。小看接吻的男人沒有愛人的資格，這種說法絕對不是言過其實。

接吻的關鍵在於，它會影響到做愛時快感高低或滿足程度，換句話說，就是「雙方性能量相會的那一瞬間」。

首先你應該要知道，大多數的女性都很喜歡接吻。如果不在乎接吻的男性遇到很喜歡接吻的女性，就算雙方嘴巴上說「我愛你」，可是像這樣無法契合的兩個齒輪，即使只是追求短暫的快樂，通常也很難如願，而在得到生理上的快感後，如果還想要擁有心靈上的幸福感，那只能說是**癡人作夢**。

另外，雖然也有喜歡接吻的男性，不過就我所知，這樣的男性幾乎都一面倒地認爲「熱情粗暴的接吻方式才是最棒的」。其實深吻只不過是一種接吻的形式而已，女性眞正渴望的其實是如同法國愛情電影般的**唯美性愛前戲**。雖然也有「不喜歡接吻」的女性，不過她們之所以不喜歡，都要歸咎於那些不懂接吻價值的男性。嚴格來說，她們不喜歡的並不是接吻，而是「突如其來的深吻」。在沒有預期的時候，男性突然就把舌頭伸進去這種接吻，就像是陰莖插入還未溼潤的陰道裡面一樣，不僅讓人覺得不受尊重，而且很不禮貌。

請不要誤解，我並不是否定、排斥濃烈的深吻。如果雙方都是情慾高張，那麼一開始就**舌吻**自然就說得通！不過，無論男性還是女性都要了解，如果處於超興奮狀態，只會衍生出**自尋死路的危險**。

這是怎麼一回事呢？日本人在性愛方面，往往都是以男性本位爲主，興奮度達到極大化的男性會被優先看待，儘管前戲不足，但男性的性致也可以達到最高點，於是就此滿足了。但反觀女性，結果又是如何呢？女性肯定會有：「什麼？已經結束了？」的感覺，因爲得不到滿足而心生怨懟。簡單來說，如果一開始就是很突然的激烈接吻的話，那麼性愛就容易**垃圾化**。

較理想的接吻方式應該是要讓五種感官一起充分發揮作用，而產生「富含感性滋味的吻」。就像料理一樣，要色香味俱全，用眼睛去看，用鼻子去聞，接著用嘴巴享受與戀人之間的對話，再將所有感覺整合起來，然後昇華成等同於享用「美食」的最高級感覺——「幸福」。純粹生理慾望的接吻，與被幸福感包覆住的接吻，有著決定性的差異，那就是感受性的差異。

光是接近對方去感覺她的呼吸，就會有滿滿愛意的感受性；從相互的輕柔撫觸中去領會喜悅的感受性；只要和喜歡的異性嘴唇相觸，就覺得幸福洋溢的感受性。就是如上述這樣，每次接吻都要像是初吻的時候，保有那種新鮮的欣喜與興奮。

尤其如果是為了做為做愛前導車的接吻，就更要以「超輕柔」為大前提。重點不在於「動」，而是要從「靜」之中孕育出感受性。具體來說，請想像一下以若即若離的絕妙撫觸力道來進行亞當撫觸的愛撫，其實接吻的技巧也是如出一轍。

每當我與參與演示的女性模特兒接吻之後，她們都會感謝地說：「第一次感受到這麼棒的吻。」這是因為我充分意識到接吻的價值，因為完整且豐盈的吻直接關係到性愛體驗的深度。

接吻是一種非常重要的愛的技術，在接吻氾濫的現代，更是需要再次重申接吻的美妙之處。請了解接吻的價值與重要性，並站在這條能夠進行舒服性愛的起跑線上，如此一來你自然就能掌握住技巧了。

在女方高潮之前不要停止口交

對戀愛或性愛態度消極的男性被稱爲「草食男」。前陣子我從一位編輯友人的口中得知「最近還有進階版，叫做『仙人系男子』」，這**真是令人頭痛**啊！別說進階了，這簡直是**大開倒車**。如果是曾經和幾十位、幾百位女性有過性經驗的男性，因爲耍帥而說出：「我已經對女人無感了。」這樣的話，或許還情有可原，但輕視戀愛或性愛的心態，究竟是什麼樣的「領悟」呢？我覺得那只不過是不受歡迎的男生搬出來自我安慰的逃避藉口罷了。

眞正令人難以置信的是，近年來**不做口交的男性越來越多**了。

「明明會要求我幫他口交，但他卻不想幫我口交。」我常聽到女性這樣抱怨。向這些男人詢問原因，他們竟若無其事地說：「那麼髒的地方我舔不下去。」這件事看起來**比我想像的還要糟糕**。

我相信本書的讀者應該都是很喜歡幫女性口交的成熟男人，不過問題在於「很喜歡幫女性口交」的男人，對於口交的意義與價值究竟明白多少呢？

將其視爲陰莖插入之前的禮貌性行爲，而加以輕視的男性應該不在少數，這可是天大的錯誤啊！

在我的性愛學校中，我常告訴男性學員：「口交是前戲的最終章。」

透過亞當撫觸來愛撫全身，並大量地挑逗，將感官興奮提高至極限，讓陰蒂感受到最棒的絕頂快感，如果用戲劇或演唱會來做比喻的話，就是指全場起立鼓掌的瞬間。對陰部口交可說是**前戲的集大成**。換句話說，緩慢性愛的前戲是爲了透過口交來讓女性獲得最大的感官挑逗，而必須花費時間於全身各處去埋下的長遠伏筆。這也正是前戲的意義所在。

爲了消滅垃圾性愛，我不厭其煩地重申「不要受制於高潮，才更能享受性愛」，不過陰部口交則是唯一的例外。

如你所知，陰蒂是女性身上最爲敏感的性感帶，這個道理只要是男人都會知道。不僅如此，陰蒂還有另一個比其他性感帶厲害很多的優越特長——陰蒂是「最容易高潮的性感帶」。只要愛撫這個最容易高潮的性感帶，女性自然會**期待能夠「獲得高潮」**。如果在交歡前，這份能達到最大高潮的期待落空的話，是絕對不可原諒的。不管怎麼說，男人的職責、使命就是一定要讓女性高潮才行，可是如果只是單調的高潮，女性的期待也無法完全滿足。

請試著思考一下，女性自慰時，肯定知道自己舒服的點在哪裡，只要感覺一來，幾分鐘的時間內就能高潮了，若是使用跳蛋應該還會更快。不過，沒有和男性的陽性性能量交流的自慰，所獲得的也只是**低水平的快感**而已。如果女方的快感程度與自慰時相同，那男方就不能志得意滿地認爲「無論如何我總是能讓她高潮，沒問題的！」其實只要男性全心全意投入愛撫，就能帶給女性感動，讓她擁有自慰時無法獲得的高水平快感，不僅能夠提升性愛的價值，這樣的男人也才夠格成爲受女性愛戴的男子漢。

在了解到透過陰部口交來獲得高潮是應該的事之後，接著就要知道「**陰部口交能讓女性感動**」才是口交的根本意義與價值。

「做愛時明明每次都能讓對方高潮，但爲什麼最近她總是性趣缺缺呢？」有些男人會有這樣的訝異與迷惑。但站在女性的立場來說，與男人做愛如果是一件眞正開心且舒服的事的話，那她是不會拒絕你的，這個道理連國中生都懂。見面的時候不覺得快樂，沒有做愛的興致，**沒有令人感動的感覺**，所以才會拒絕你。更進一步來說，這樣的男性會覺得對方的高潮，很有可能只是對方**假裝敷衍**而已。這也是爲什麼我會一再強調「不能因爲讓對方高潮就覺得心滿意足」的原因。

能夠帶給對方感動的陰部口交有兩個相當重要的重點，第一是開始之前，就要確實在全身布下伏筆，並且一定要將陰蒂的性感受提高到最高水平。第二是最爲重要的，用舌尖觸碰陰蒂後，在女性高潮之前，**不管怎樣都要「持續進行」**。

陰蒂是容易高潮的性感帶，這種說法就只是性愛教科書上所寫的一般理論而已。並不是世界上所有的女性都很容易得到陰蒂高潮，當然也有例外，而且即使是容易高潮的女性，當天的身體狀況也會影響身體的表現。

假如她說「我是屬於難以高潮的體質」，你也不能有「既然如此，那就隨意弄一下就好了」的想法。難以高潮的體質，才更需要透過陰蒂**給予她一個感動的大好機會**。即使花費三十分鐘甚至一個小時，也請懷抱著**持續舔舐的覺悟和決心**來進行。

請確實將陰蒂的皮膚推開，以柔軟的舌尖持續進行超輕柔的撫觸，再配合舌頭高速地擺動吧！

對方雖然是難以高潮的體質，但如果認爲「想要使她迅速達到高潮，就要強烈地愛撫」，這反而是極大的錯誤觀念。因爲如果是強烈的愛撫，在女性還不覺得舒服之前，就會先弄痛了陰蒂。所以請你要有長時間抗戰的覺悟，以不弄痛陰蒂爲前提，極爲輕柔地使用舌頭，而在女性進入性興奮模式之前，要確實地持續進行。

如果是容易高潮的女性，也有一點需要特別注意，那就是別讓她太早高潮，因爲性能量的強弱會和愛撫的時間成正比。如果愛撫的時間不足以讓性能量蓄積充足的話，**快感的水平就會較低**，女方自然也就不會覺得感動了。正是爲了不讓她迅速達到高潮的輕柔愛撫，才能使最後的爆發力大增，尤其對於容易高潮的女性來說，「不讓她高潮，就是讓她得到極致高潮的祕訣」，請千萬牢記這一點，切勿拘泥於時間的長短。

按摩油是做愛時的必需品

陰莖插入的時候，以自己的唾液做爲潤滑劑的替代品，來塗抹女性生殖器的男性應該不在少數。你可能恰好也是如此，不過這可是相當沒常識，也是**最糟糕的做法**。唾液很快就會乾掉，根本無法發揮潤滑劑的功效，而且一旦乾掉就會發出異味，如果對方是追求美好性愛的女性，那麼這種行爲絕對不會讓她對你留下好印象。

對於陰道所謂的「淫潤」有所誤解，也是讓錯誤的常識橫行的原因之一。一般男性大多都一味地認爲女性是「只要一有感覺就會濕」，其實這都是**典型的錯誤觀念**。正確解答是：女性是「因爲期待與興奮所以才會濕。」另外，會不會濕還會因爲個別差異，而有極大的出入，體質本來就屬於比較不容易濕的女性也很多。對於經驗不足的男性來說，或許會覺得難以置信——有些女性明明完全沒感覺，愛液卻還是如潮水般湧出。

我想告訴你關於性愛的一般常識是，插入時已充分淫潤的陰道，會在**持續交歡的過程中逐漸變乾**，這是極為正常的道理。不知道這個真相的男性，在交歡的過程中一旦發現乾涸的話，就會失去自信，甚至責怪女方「感受度不好」。像這樣因為無知而產生的不幸惡性循環，在許多女性身上其實很常見。解決這種「性交疼痛」的問題，有個超簡單且方便的用品，就是「按摩油」。

我的床邊常常會放置一罐按摩油，如果是到賓館等自家以外的地方，包包裡也會偷藏一罐按摩油，每次做愛時都會拿來使用。我常常告訴男性學員「按摩油是做愛時的必需品」，而為了讓他們能夠習慣使用按摩油，我在這方面的指導也相當澈底。

按摩油能夠發揮作用的地方並不侷限於交歡過程，而女性在愛撫陰莖的時候，是否有使用按摩油，快感程度的差異也會有天壤之別。不僅如此，就連自慰時也一定要使用。可是在一般的伴侶之間，按摩油的使用並不普及，我認為其中一個原因是情趣用品店販賣的潤滑劑總是給人一種「情色按摩玩法」的印象。

其實只要使用過你就會立刻明白它的效果，雖然潤滑劑和按摩油看起來好像是差不多的東西，但效果不可相提並論，像潤滑劑的那種使用方式，只是產生滑溜效果而已。但按摩油能夠製造出更多黏滑感，從而產生絕妙的摩擦係數，而且按摩油也不會像潤滑劑那樣很快就乾掉，只要滴上幾滴，就能一直維持**絕妙的摩擦係數**。此外，潤滑劑使用後需要清洗乾淨，非常耗費時間，但按摩油只要用毛巾擦拭掉就沒問題了。

按摩油並不是什麼需要小心使用或貴重的物品。現代人貪圖便利，只要出現功能新穎的家電用品，就會汰換掉仍可使用的舊家電，那做愛時爲什麼不會想到要使用這麼方便的用品呢？這實在是太不可思議了。

按摩用油既不是「變態的東西」，也不是「淫亂之物」，它是一種可以讓現代人在做愛時更爲愉悅、更加舒服的強力夥伴。

爲了要享受緩慢性愛，我還要建議另一項便利的用品，就是「嬰兒爽身粉」。剛洗完澡或是在容易流汗的季節，進行亞當撫觸時，不妨先在女性身上灑一些爽身粉，這樣一來，手指的滑動便會更加平順，女性的心情也會更加放鬆療癒。就算只是讓伴侶放鬆療癒，也能讓快感產生加倍堆疊的效果。這種效果不僅能大幅提升女性的滿足感，男性本身也能從對方身上感受到比過去來得更加濃烈的愛情。

希望有一天「按摩油與嬰兒爽身粉是做愛時的必需品」的觀念，會成爲一種常識。

第5章 重點整理

- 交歡指的是「陰莖對陰道的愛撫」。
- 女性能夠透過「壓迫」、「振動」的感覺來感受性快感。
- 藉由相互愛撫來使彼此的性能量大幅提升。
- 為了讓女性有感覺，必備的並不是本能，而是明確的戰略和具體的技術。
- 女性其實渴望著如同法國愛情電影般的唯美性愛前戲。
- 一旦開始進行陰部口交，在女性高潮之前，無論如何都不能停下來。
- 將唾液塗抹於生殖器上是沒常識的做法。
- 在持續交歡的過程中，陰道逐漸乾涸是正常的現象。

第6章

從性愛獲得的「男性力」能夠改變人的一生

了解愛的「本質」

中高齡男性深受年輕女性歡迎的時代已經來了嗎？我身邊出現很多年齡差距一輪以上的伴侶，這在十年前應該是意想不到的狀況吧?!

同一世代的男性看起來感覺很幼稚、小孩子氣，令人無法放心依賴；草食男大多不再追求女性了；歐吉桑比較有錢；喜歡無微不至的性愛……。二十幾歲的女性選擇三十五歲以上成熟男性的理由五花八門，不過最大的原因是他們豐富的人生經驗，進而提升了整體的「男性力」。溫柔，可以讓人撒嬌，善解人意，足以依賴，無論怎麼任性都能包容，氣度也比較大，說話很有深度……。這些優點都是她們對歐吉桑的評價。

本章就來說說能夠提升「男性力」的訣竅。

首先，我想讓你加深關於「愛情」的認知。這或許可以說是日本男性共通的特質，一聽到「愛」這個字，就會害羞而覺得不好意思的人，應該不在少數。有很多男人會把性或愛的話題全部歸類爲黃色或情色的類型，覺得那是不正經的，而對愛的價値與本質也沒有認眞思考過。你也是其中之一嗎？現在機會來了，請試著好好地思考一下什麼是「愛」。

抗拒說出「愛」這個字的男人，往往**比誰都還要渴望愛**，世界上應該沒有任何一個人會不想過著充滿愛的人生。你覺得常常被大肆宣揚的「愛」這個字，它的意義究竟是什麼呢？

愛，指的就是「**愛人**」。

或許你會覺得我說的根本就是廢話，但卻有許多人認爲「愛等於被愛」，也就是被人所愛的感覺，尤其是被自己喜歡的異性深愛的感覺，這對男性或全體的人類來說，都是相當自然的慾求。因此很容易造成誤解，但其實眞正的愛情應該是指**對於「愛人」有所喜悅的感情**。

且讓我們看看日本人在現實中是什麼情形。日常生活中經常會看到「愛」這個字，無論是戲劇、電影、女性雜誌、人氣歌手唱的歌詞中，「愛」這個字出現的頻率多到氾濫的程度。然而，在現實的社會中，愛這種情感反而相當缺乏。日本人大多會覺得擁有的「愛是不夠的」，然後在心中大喊「再多愛我一點！」「再多注視我一些！」「再多在意我一點！」

想要被愛得多一點，但卻得不到，這是因爲「被愛」這種慾求只不過是一種**自私的感情**而已。

請你絕對不要搞錯順序，如果不先去愛人，就肯定不會「被愛」。「到底有誰能夠愛我呢？」如果懷抱著這種心態，就算再怎麼等，你也等不到愛。爲了要了解愛的本質，就一定要成爲能夠在愛人的過程中感受那份純粹喜悅的人。覺得聽不下去了嗎？即使如此，這個關於愛的話題，我還是要繼續談下去。

具體來說，你認爲「愛人」究竟是指什麼呢？如果突然這樣問你，一時之間你恐怕會覺得不知該如何回答。「可以先舉個例子來說明一下嗎？」很多男人會爲此感到困惑，並且這麼回應。

其實答案很簡單，「愛人」指的是「**做讓對方開心的事**」。對此，一定要知道怎麼做對方才會開心。有些男性會有「再多在意我一些」的心態，但其實男人才更要多在意女性一些才行，不能有「爲什麼都不懂我的心呢？」的心態，而是要站在女性的立場來觀察她在想什麼，現在的心情又是如何。

讓對方開心的最大重點在於「**不求回報**」。由衷地想讓對方開心，也想看見對方開心的笑容，並能將這分喜悅轉換成自己的喜悅。如果把這樣的觀念看成理所當然之事，那你的男性力就會大幅提升。

請試著把這個觀念運用於性愛之中。爲了讓對方開心，首先一定要知道哪裡是可以讓對方舒服的地方。我認爲那些過去總是只碰觸自己想碰觸的地方，親吻自己想親吻的部位的男性，有很多需要改進反省的空間。不要侷限於乳頭或陰蒂，應愛撫每一吋肌膚，並好好地觀察女性當下的反應。如果前戲從自發性變成由女性主導的話，即使使用相同的技巧，女性所感受到的舒服程度也會格外提升，並因此展現出你**以往不曾看見過的感官之美**。只要看見這樣的姿態，你自己肯定也會想要讓她更加舒服。

只要修正「愛人」與「被愛」的順序，你體內沉睡的「溫柔心」**自然能夠覺醒**。

讓女性開心的時候，你必須注意一件事，就是**不要只想著打出全壘打**而揮棒。說到要讓女性開心，有些男人很有可能會想出瞞著女友去買高價的禮物，給她一個驚喜的計畫。我很能理解你們的心情，不過，一般女性認爲眞正有魅力的成熟男性，是能在日常生活中不經意地持續帶給自己喜悅的男性。如果是夫妻，品嘗老婆親手做的菜，每天都給予讚美：「眞的很好吃！」或是即使在工作上有什麼不順遂，回到家也要讓她看見你溫柔的笑容，並美言：「只要看到你可愛的容顏，我工作上的疲累就消除了。一直以來謝謝妳！」只要有這樣纖細的小讚美，就能讓女性開心了。**女性心中的理想男性**止是這樣，**不經意地表現出的溫柔風度**，持續十年、二十年、三十年都不變的人。

你不能老想著要敲出一記逆轉勝全壘打，而是要一步一步來，從一壘安打、二壘安打，逐漸累積才行。除此之外，在日常生活中讓女性開心的祕訣，是不受制於高潮之類的強大快感，而長久緩慢地細細品味輕微的快感，也就是能讓女性獲得最大快感的緩慢性愛方式。

一旦誤解「男子氣概」，就會悲劇收場

男性和女性除了外表之外，心理特質也**截然不同**。

當我在床上欣賞可愛女性展現著感官興奮的曼妙姿態時，充分感受到女性是「爲了被愛而生的生命體」。如果不這麼想的話，就無法說明爲何女性全身布滿多如繁星的性感帶，以及比男性還要複雜且深奧的感官機制。

如果女性是「爲了被愛而生的生命體」，那麼男性又是怎樣的生命體呢？男女就如同硬幣的正反兩面、陽與陰、火與水……。沒錯，「爲了愛人而生的生命體」就是男性的本質。

男性原本就是一種會**因為愛護女性而感到喜悅的生物**，不過現實中有太多男人並沒

有察覺這樣的本質。而男性本身是否了解雄性人類的本質，這和曾經「體驗到的實際感受」有關。由於在戀愛、結婚或性愛中無法實際感受到被愛的喜悅，所以就如同大多數的女性同樣沒有「被愛」的自覺般，有很多男人並沒有體驗過愛護女性的喜悅，所以也無法萌生「愛人」的本能。

在我的性愛學校中，我多次見證男性學員萌生「愛人」本能的情況。男學員在性技巧課程中，首先由女性治療師傳授正確的技巧，之後與示範的模特兒一起進行實際演示。模特兒們因為亞當技巧而啓發性感腦，全都是超敏感的女性。你覺得在我的性愛學校中的床上，還會發生什麼事呢？我讓男學員觀看模特兒，並讓他們首次接觸到與生俱來那美妙且情慾高張的「真正感官慾望」瞬間，人就會有所變化，好像真的愛上模特兒般地持續專注進行愛撫。如果女性治療師沒有喊「停！」的話，這樣的**專注似乎可以一直持續下去**。

在課程開始之前的諮詢中，就連那些對於「做愛時的前戲時間平均是多少？」的問卷調查，回答只有「五分鐘」的男性，也會被這種感官慾望所呈現出來的曼妙姿態擄獲、吸引。

男性會見證到「女性會因為被愛而更添光彩」的愛的本質，而讓自己所擁有的「感受愛人的喜悅」的本能顯現出來。

「夫妻之間的性生活並不快樂」，「她並沒有想像中的有感覺，該不會是性冷感吧？」懷著這些不滿的男性在質疑伴侶之前，請先試著問問自己，自己「愛人」的本能究竟發揮了多少。

「男人要看『愛人的程度』，女人要看『被愛的程度』。」

這樣普遍且絕對的關係，無論在什麼樣的伴侶之間，都是確實存在的，只是沒有被了解、察覺而已。充分了解這種性別上的本質差異，不僅是在性愛方面，就連日常生活中也能擁有良好的夫妻或戀人關係。現代社會**能讓男性變得更有男子氣概，讓女性變得有女人味的，除了性愛，再也沒有其他更好的機會了**。

從溫柔程度就能看出男人的「類型」

我不知道現在的人是怎麼看待的，在我還小的時候，母親就時常告誡我：「你是男生，對女生要溫柔一點。」這樣的家庭教育，我想我並不是例外。可是與我同世代的中高齡男性比起年輕男性來，也不能斷言對女性大多都比較溫柔。過去比起現在，是一個男尊女卑觀念強烈的時代，很多人還存著「女性須退三步之距」之類的觀念，而認為「男人比女人還偉大」。進一步來說，這是曲解敬老尊賢的儒家思想，如果伴侶比自己年輕，就目中無人地對她比手畫腳指使著，這也是中高齡男性的不良習性。在餐廳或飯店等公共場合，看到對年輕的女性服務生以命令的口氣說話、大聲怒吼的中年男人時，身為與他們同世代的我，眞是覺得相當羞愧。

歐吉桑世代雖然會批評說：「最近的年輕人……。」但在我看來，年輕男子更能溫柔地對待女性。我認為對女性溫柔的年輕男子增加的最大原因之一，就是他們都知道「女性喜歡溫柔的男人」。舉例來說，在女性雜誌的戀愛專題中，喜歡的男性類型排行榜，「溫柔的人」一定位居榜首。參加聯誼時被問到「喜歡什麼樣的人」時，女性也會回答：「溫柔的人。」但是總歸來說，年輕男子對女性溫柔，往往只是為了想要**受歡迎**而已。這雖然不是什麼壞事，但年輕男子的溫柔並不是發自內心的，頂多只能算是戀愛的**表面工夫**而已。

如果詢問年輕女性對這類型男人的看法，通常會得到：「雖然很溫柔，但就一個男人而言，總覺得少了些什麼。」的答案。雖然這樣的年輕男性有急遽增加的趨勢，但仔細觀察不難發現，這種溫柔其實只是表面功夫。

總之，無論是中高齡還是年輕世代，他們的心中並**不存在真正的「溫柔」**，只能說在他們的人生中，即使學到了「對女性溫柔是好事」，但卻沒有學到「何謂溫柔？」的本質真諦。

光有核心的本質是難以教人學會溫柔的。從二〇〇九年開始，我的性愛學校新開設了「護送課程」，傳授在約會時或飯店裡如何溫柔護送女性的祕訣，即使學會這樣的具體技巧，但最重要的本人如果沒有發自內心的真正「溫柔」，那就跟只有表面工夫的戀愛指南沒什麼兩樣了。

雖說學會讓女性心靈悸動的真正溫柔，是一個相當困難的課題，不過還是有個簡單的方法，就是「學會亞當撫觸」。什麼？學會性愛的手指技巧跟溫柔有什麼關係呢？你可能會這麼想！其實關係的確很大。

概括來說，亞當撫觸就是一種「溫柔觸摸女性肌膚」的愛撫技巧。實踐的重點在於愛撫時的手部形狀，而在我的性愛學校中一般採用「亞當撫觸的基本形」來進行教學，下面就簡單說明一下。

亞當撫觸的基本形

1. 手指自然打開，將手心放在對方的肌膚上。
2. 將那隻手水平提起，停在距離肌膚上方約兩公分的高度。
3. 保持在這個高度，用五隻手指的指尖往下貼覆在女性的肌膚上。

完成了！就只是這樣而已。你可能會覺得這也太簡單了吧！其實實際進行時的最大重點就在於「要時時刻刻都保持這個基本形」。愛撫有兩大方式，「五隻手指的指尖隨時都要保持與肌膚若即若離的絕妙指壓距離」，以及嚴守「秒速三公分的移動距離」，而且這個手部形狀要維持至少三十分鐘以上。這做起來可**不像嘴巴說說的這麼簡單**，只要稍不注意，手指馬上就會亂動，指壓力道增強，或是不知不覺就加快速度，而讓女方產生不舒服的感覺。要練到就算不刻意也能隨時保持基本形，必須要有一定時間的訓練。在我的性愛學校中，初級課程的階段就會澈底執行這種訓練。只要持之以恆漸進發展，男性學員就會慢慢發現，就連日常生活中的小動作也會跟著產生某種變化。

「拿杯子的時候，動作不知不覺比平時還要溫和。」

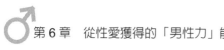

「不只是手部的動作，連心情也變得柔和了。」

順便問個題外的問題，你有看過藝伎嗎？藝伎這個聞名全球的日本傳統技藝的演出，會因應時代變遷而創新台詞或演出方式，但有一點是唯一絕對不會改變的，就是所謂的「型」。從正式演出時的方式來看確實是如此。藝伎採世襲制，他們家族的小孩從小就會澈底地記住他們的「型」。即使年紀小到還不足以了解台詞的涵義，但他們還是日復一日地在訓練過程中，不斷地讓身體牢牢記住這個「型」。在紀錄片類型的節目，看到訓練過程因辛苦而淚流滿面的年幼第二代時，對他們還這麼小卻是如此辛酸有著深深的感觸。我以前經常覺得，明明不懂卻還是要硬做，這樣到底有什麼意義呢？然而，在我聽到某位名氣響亮的藝伎演員接受訪問時說的一句話時，所有疑問就豁然解開了。那句話就是：

「心中要有『型』的存在。」

溫柔的道理也是一樣。學習亞當撫觸的目的，就是要透過不斷練習，讓指尖澈底牢記基本形（型）的訓練，而且除了肢體上的技巧外，還需要具備關愛對方的心意，疼愛對方的心情，了解愛護她的重要性，還有生命的奧妙等愛人的技術，讓**「愛的本質」透過指尖傳達出來。**

內心層面的鍛鍊，聽起來好像很難。

「心中要有溫柔的存在。」

放任慾望流竄的自我中心心態，絕對無法學到溫柔的本質，所以請學習符合女人性機制的「正確的手指動作」。

讓對方愉悅的原則，就是「不求回報」

除了溝通能力外，要被認定為有魅力的性感男性，不可或缺的就是「**讚美的能力**」。沒有任何一個女人不喜歡被讚美，這是自古不變的眞理，很多男人也都知道要盡量讚美女友或老婆。不過，我身邊卻有很多人「雖然會讚美，但卻不懂怎樣才是好的讚美」。

讚美的學問，與其說是訣竅，不如說是一種「技巧」。你可能會覺得這是一種讓口才變得更好的知識，讓對方開心的基本條件其實很簡單，就是「**不求回報**」。最好的例子就是撫育小孩的父母，父母在養育孩子時都是不求回報的，因為投入了沒有理由且無償的愛，小孩才能由衷地信賴、尊敬父母，然後再將從父母身上接收到的愛回饋給父母。

反之，做爲反面教材的，就是對女性別有用心才給予讚美的男性。這並不單指男女之間的情誼，爲了自己的利益而去讚美他人也包括在內，像這樣肯定是**最糟糕的做法**。你絕對不能低估人類的直覺，人不會忽略利己的動機。但懷著司馬昭之心而說出的讚美詞彙，只不過是膚淺的謊言罷了。想要讚美對方卻引起反感，令人更加討厭的失敗案例，實在不勝枚舉。

如果你覺得不求回報的無償讚美詞彙有些深奧，那麼就換個方式來說，讚美的眞諦其實就是「傳達感動」。

再說得更簡單一點，就是「將心中所想的坦率地從口中說出來」。舉例來說，用嘴巴說出：「眞可愛！」和因爲對方晶瑩剔透的雪白肌膚而心動，而說出：「哇啊！你的皮膚眞的很白淨亮麗耶！」這兩句話給予對方的感受肯定完全不同。只要把言語不容易表達的眞實且直接的感動傳遞給對方，無論你的口才如何，都能夠昇華成能讓對方開心的愛的詞彙。

了解讚美就是「不求回報地傳遞感動」之後，只要透過實際運用來磨練技巧就行了。好好地讚美一番吧！不過一開始你可能會遭遇到好幾次的挫敗。雖然我在這邊振振有辭地大談闊論，但在前一陣子我也發生一件很失態的事。我在餐廳看到一位女性收銀員的胸部實在又大又迷人（目測有H罩杯），所以太過感動而不經大腦地脫口而出：「哇啊！好大的胸部啊！」瞬間我發覺糟糕了之後，一切都已經來不及了。那個女生就一直死瞪著我，直到我走出店門外。對她來說，太大的胸部可能是一種困擾。

我並不是不知道「最好避免說出與體態相關的讚美之詞，這樣比較安全。」的道理，但即使如此，還是會不經意地發生這種失誤。而爲了不要被挫敗牽絆住，應該將實際運用時所學到的教訓牢記在腦海。爲的不是自己，爲了讓所愛的女性開心而讚美的訓練，請務必堅持下去。

享受性愛時不可或缺的「感受力」

讚美女性的訓練，不僅能讓你了解讚美的意義，以及變得很會讚美而已。男人還須鍛鍊社交力或洞察力，以及察言觀色的能力，而且並不侷限於戀愛，**這種技能在職場上**

也很管用。

我認為最有幫助的就是：使讚美成為一種能夠磨練「感受力」的訓練。

即使知道「感受力」這個詞，但是一般人平時並不會太常領會到這種感覺。如果要辨別你是否為性愛高手，可以用感受力的程度來辨別，因為感受力是一種人類的重要能力。

首先，何謂感受力呢？如果用淺顯易懂的話來說，就是「**即使是小事也能覺得感動的能力**」。雖然先前提過的巨乳故事是個負面教材，不過「大」的事物總是容易讓大家都覺得感動。一看到富士山，無論是誰都會覺得「哇啊！好宏偉呀！」相較之下，你對路邊默默盛開的無名野草，又能有多大的感動呢？這就是感受力，欠缺感受力的人甚至不會發現路邊野草的存在。

事實上，「氣的控制」也必須借重感受力。氣是一種十分微妙的感覺。即使每個人體內都有「氣的存在」，但除非受過訓練，否則幾乎沒有人能夠察覺到。這雖然不是大家都知道的知識，但與其這麼說，不如說是不具備纖細而敏銳的感受力，所以才無法察覺到「氣」的細微感覺。

為了要讚美，必須深入注意觀察對方。一旦深入注意觀察之後，就能看見以往看不見的地方。舉例來說，對於平常看慣的女性伴侶的臉龐，如果你找個機會將目光對準嘴唇，如同看顯微鏡般地持續仔細觀察的話，應該就會發現即使同樣是嘴唇，形狀和色澤都和男人完全不同。接著以這樣的心境試著將嘴唇與嘴唇重疊在一起，你肯定會有「啊！怎麼這麼柔軟啊！」的感受，並且因此而讓你不忍釋手地品味那**驚人且美妙的觸感**。我爲了讓男學員了解感受力的重要性，對他們說：「就姑且當作是被我騙了，請試著先對女友的嘴唇美言一句，接著再去親吻。」之後不出所料，男學員們總是向我報告：「對接吻的價值觀產生一百八十度的大轉變。」即使就只是輕輕地親一下也是一樣。面對與自己完全不同的胸部或女性生殖器，男性能否發揮感受力，這會讓他們的感動程度產生**天壤之別**。

如果把話題延伸到運作機制與男性完全不同的「女性的感官」這個領域的話，透過感受力來掌握做愛過程的人和不這麼做的人，兩者所獲得的性愛愉悅或樂趣，也會**完全迥異**。

由衷掌握性愛的美妙之處的關鍵字就是「感受力」。先前提到無論是誰都會受到「大」的事物的感動。而在性愛方面，「大事」指的就是「高潮」，「小事」則是「輕微的感官興奮」。

我之所以一再重申「不要受制於高潮，要享受感覺。」就是在強調緩慢性愛，因爲只要目光被巨大的「高潮」奪走的話，就無法察覺到雖然微小，卻十分要緊的「輕微感官興奮」的美妙之處。

仔細品味輕微感官興奮是美妙性愛的一種。只要提升感受力，就更加能夠享受輕微的感官興奮；只要知道怎麼去享受輕微的感官興奮，感受力就能更加敏銳。這種良性循環就是享受十倍性愛樂趣的祕訣。

男性的自卑是可以克服的

除了早洩之外，在性愛方面還有其他類型的自卑。陰莖包莖、陰莖短小、ＥＤ（勃起不完全），或是缺乏性經驗的處男等，這些情形也都會令男性感到自卑。

這些和早洩的情況一樣，一旦認定這些情況「已經好不了了！」就會喪失身爲男性的自信，覺得「這樣的自己沒有被女人愛的資格」，最後自暴自棄，白白浪費不能重來的人生。

性事方面的煩惱，對當事者來說確實是個嚴重的問題，對此，我也無法輕率地做出評論說明。不過我所經營的性愛學校中，至今爲止有好幾千名男女見證過我的能力，根據我的經驗，我要強烈地建議你：「**坦誠地將煩惱說出來吧！**」我完全能夠體會你想要隱瞞的心情，更別提你絕對不會想讓所愛的女性知道自己困擾的想法，這原本就是男人的本性。

「同甘共苦」這句話的涵義，包括透過共同承擔煩惱，來更爲**加深彼此對愛的羈絆**。我不想說得太過理想化。舉例來說，即使是本書的主題「早洩」，我也看過許多向伴侶坦承，並藉由伴侶的協助來進行訓練，而得以盡早克服的實例。「在溝通的過程中很輕鬆。」「變得很聊得來，做愛的過程也跟著變得開心了。」之類的感想實在不勝枚舉。只要能夠提起勇氣坦承一切，好事就會不斷跟著來！

隱瞞毫無益處。再說得明白一點，男性即使想要隱瞞，女性遲早還是會發現的。隱瞞早洩的男性經常使用的手段有「想要射的時候就改變體位」或「射精之後假裝還沒射，而姑且持續進行活塞運動」。除了面對的是經驗不多的女性外，這種手法幾乎都會穿幫。而且爲了不要傷害你男性的自尊，她們也都會**假裝不知道**。這種說不出口的尷尬情況，不僅讓你無法充分享受性愛，從戀愛的角度來看，也是**一種不幸**。

曾經身爲自卑界大老的我，此刻要毫不客氣地跟你說：「反正一定會穿幫，不如就爽快一點盡早坦白吧！」

這個世上沒有完美無缺的人，無論是你還是我，或是你的女伴都不是完美的。正因爲不完美，所以男女才會尋找想愛的人，與所愛的人一起攜手往理想的目標邁進。

令人遺憾的是，對於性事的煩惱也存在著各式各樣的錯誤觀念。這些錯誤觀念通常會**因自卑而坐大**。爲了幫助男性坦承這些煩惱，下面就簡要地論述一下先前提到的四種性自卑。

解決包莖問題不假外求！

我在大學畢業之前是眞性包莖（譯註：包皮開口過窄，將整個龜頭包住，如果硬翻下來的話可能會受傷）。高中、大學和別人一起洗澡、泡湯的時候，常覺得「爲什麼大家都能露出龜頭呢？」而感到不可思議，並對自己產生「這樣的陰莖能和女生做愛嗎？」的不安。

後來怎麼樣了呢？我是**靠自己解決**的。這是一種憑藉意志力的技術，要下定決心，拚命地持續拉扯包皮，盡可能讓龜頭露出來。**雖然真的很痛**，不過這種疼痛還不到無法忍受的程度。只要一點一點地把包皮拉開，讓龜頭露出來就好了。三天後，我的包皮總算能夠拉開，龜頭表面還覆蓋著一層白色的汙垢，後來我去澡堂把上面的汙垢清洗乾淨（清洗的時候還是很痛），在包皮完全拉開的狀態下穿上內褲。如果好不容易拉開的包皮又跑回去的話，肯定會變成勃起後需用手拉開才行的假性包莖（譯註：指包皮過長，但仍可拉開），而且拉開之後陰莖也會覺得痛。請盡可能讓龜頭處於露出的狀態，就算內褲會摩擦到龜頭表面的皮膚而多少有些疼痛，但讓龜頭習慣這個狀態是很重要的環節。如果因爲忍不住刺痛而讓包皮恢復原狀的話，最後又得再花費時間把包皮拉開，然後又得再被內褲摩擦了。

以我的情況來說，前後大概花了三個星期的時間才克服包莖問題。在我的學校的男學員，有人「爲了維持拉開的狀態，就在陰莖的根部貼上ＯＫ繃」，他好像花了兩個星期就好了。總歸來說，爲了不讓包皮跑回去，「訓練」包皮是很重要的。

陰莖的大小毫無關係！

日本人的陰莖平均長度（勃起時）為十二點五公分，我自己是符合這個平均值的一般大小。幾乎所有的男性雜誌都曾刊登能讓陰莖變大的醫藥廣告，由此可知，因為陰莖短小而感到煩惱的男性肯定不在少數。

陰莖短小的煩惱，都要歸咎於日本人**對於巨大陰莖的憧憬和迷思**。大多數的男人都一味地認為「女性很喜歡大陰莖，陰莖越大就越能滿足女性。」其實這是男人**不切實際的妄想**，幾乎所有女性都覺得「普通大小的最好」，過大的陰莖反而會讓她們敬而遠之。因為「陰莖過大就不適合陰道的大小」，所以性交時才會疼痛。然而，擁有大陰莖的男性卻深信只要透過這項值得驕傲的武器，直接激烈插入，女性就會有感覺，其實那些男性很多時候都只是被視為「做愛機器」而已。其實問題並不在於大小，而是在胡亂粗暴地擺動腰部，因為這樣並不符合女人的性機制。

此外，也有很多男人會把女性的陰道當作「橡皮管」，這也是一種錯誤的觀念。如果要比喻的話，女性的陰道應該比較像是「氣球」。換句話說，陰道會去配合男性的陰莖大小，而自在地膨脹或縮緊。陰莖與陰道的貼合感是相當重要的，有一個簡單的方法可以讓任何大小的陰莖都能和女性的陰道貼合。

就是在陰莖插入陰道之後，**暫時不要擺動腰部**，而維持幾分鐘的靜止時間，享受這種結合成為一體的感覺。而在這段時間中，陰道**會去適應男性的陰莖大小**，並調整到契合的程度。若是抱持著「如果沒有活塞運動，女生就不會有感覺」的錯誤觀念，做愛的時候很容易就會變成一插入就開始進行活塞運動的垃圾性愛，如此一來，就如同男女之間心生嫌隙一樣，陰莖和陰道之間的間隙也會擴大。

陰莖的活力來自「氣的年輕程度」

現代人生活在充滿壓力的社會中，很多男性都有ＥＤ方面的煩惱。說到預防、改善的對策，幾乎千篇一律都是強調重視飲食生活和健康管理，但光靠這些是不夠的。

常常有人對我說：「亞當先生看起來真的很年輕耶！」外表如何姑且不說，我自己覺得這跟「氣的年輕程度」有關。雖然沒有要老王賣瓜的意思，但我的心理年齡一直停留在十八歲。

我的心情雖然保持年輕，但我認為最重要的是因為我擁有健康的下半身。下半身的活力是一種不可或缺，可做爲生命之源的能量。一說到能量，一般人首先聯想到的可能是飲食，而有意無意地只重視從嘴巴吃進去的能量。不過實際上除了食物外，我們的身邊還存在著大量肉眼看不見的能量，像是太陽的光、空氣中的氧等。我一再提示你要重視的，就是這本書中一再強調的性能量。

你聽過「房中術」嗎？現在房中術雖然被視爲一種性愛指南的古典作品，其實這也可以算是最早的抗老化研究論文。過去中國的帝王之家或當權者相信，與年輕處女性交可以獲得長生不老的能量，因此要如何更有效率地將處女神聖純潔的生命能量吸入自己體內呢？針對這個問題的研究總結，就是所謂的房中術。

周遭的人之所以會說我「看起來很年輕」，除了我與生俱來的樂天派性格外，最重要的原因是無論工作或私底下，我都待在女人堆裡，常常可以從女性身上獲得年輕的性能量。

隨時讓下半身永保青春的祕訣，就是「**不要輸給年紀**」。你的時尚品味或說話內容是不是變得很老氣了呢？請趁這個機會好好自我檢視一番。

日本並沒有任何一條法律禁止中高齡族群去搭訕或參加聯誼。如果你是上班族，可以約年輕的同事一起去喝酒。從年輕女性身上獲得生命能量的方法，就是要**給予讚美**，只要讚美，就能讓對方開心。「開心」正是所謂的生命的能量。不求回報地讓女性開心，男人就能獲得無法從飲食中攝取到的巨大能量。

你假日時會宅在家裡翻跟斗一整天嗎？就算再怎麼翻滾，能量也不會累積，就**只會消耗你的體能和肌力**而已。請積極參與有年輕人聚集的社團或各類型志工之類的活動，好好地補充滿滿的生命能量。

我的興趣是跳騷莎舞（Salsa），我非常推薦參加舞蹈之類的活動，因爲這不僅可以增加與女性邂逅的機會，還能夠正大光明地享受與女性肌膚貼近的愉悅感受，這簡直就是一石二鳥。

女性討厭的不是處男，而是垃圾性愛

在我的部落格中，經常有忠實的男性網友提出「女人會討厭處男嗎？」的煩惱。他們總覺得處男老是受困於「不帥」、「遜」、「不受歡迎」等負面的刻板印象。

當然，經驗對性愛是很重要的，但只學到緩慢性愛技巧的基礎工夫還不夠，如果不透過實戰去練習的話，就無法將技巧充分活用。無論是誰，每個男人最初都是從處男開始的，所以實在不需要爲此感到焦慮、悲觀。

我的初體驗是在二十四歲的時候，可是直到三十五歲，我才眞正學會性愛的技巧。述說自己的過去雖然感覺有點彆扭，不過我的確就是這樣走過來的。

「女人會討厭處男嗎？」我可以理解這種煩惱的心情，其實女性眞正討厭的並不是處男，而是自顧自地做著垃圾性愛的男人，只考慮自己舒不舒服，**只把女性當作砲友的幼稚男人，才是女人最討厭的**。

第 6 章　重點整理

- 愛指的不是「被愛」，而是「愛人」。
- 要讓女性開心，不能只想著要擊出全壘打，而應著重於每天都能敲出安打。
- 男性原本就是一種會因為愛護女性而感到喜悅的生物。
- 想讓男性變得更有男子氣概，讓女性變得更有女人味，除了性愛外，再無其他更好的機會了。
- 讓對方愉悅的原則就是「不求回報」。
- 透過性愛鍛鍊而來的感受力，也能運用在職場上。
- 想要消除自卑，只要坦承煩惱就行了，因為越想掩飾越會很快穿幫。

後記

克服早洩是現代男性必須面對的課題，這並不是爲了擺脫「只撐三分鐘」的男性恥辱，也不是要解決自己悲慘的狀況，而是爲了天生就應該被愛護的女性，要讓她能夠感受到性愛的眞正喜悅，這就是身爲男人無可迴避的使命，請下定決心，成功克服早洩吧！

最後我再重申一次，早洩絕對能夠克服。當然，重點是要持續進行正確的訓練，只要能夠做到這一點，我保證一定能夠百分之百克服早洩。敢這麼斷言，是因爲我所提出的訓練法不會有什麼差錯，而且是完美的。

也許一個月、三個月或半年後，雖然無法預測出一個具體的時間表，但你一定可以克服早洩，進而獲得更高階的技巧——隨心所欲控制射精的「超洩」能力。做愛時，你不需要去擔心是否會半途射精，而能隨心所欲地進行活塞運動，擁有這樣進化後的陰莖威力，應該會讓你暫時陶醉於其中。到了那時，與早洩時期相較之下，你的性愛觀肯定會有一百八十度的大轉變，讓你像是又回到初識性愛的時候一樣，享樂於其中而無法自拔。

我有一個請求，我希望你無論如何都別只滿足於因爲克服早洩，而停止再進步。正因爲克服早洩而使性愛煥然一新，才更不應該錯失讓自己從垃圾性愛的習慣轉變爲緩慢性愛的良機，請讓自己一口氣進階高升，成爲熟練緩慢性愛技巧的成熟男人，並讓摯愛伴侶獲得眞正的感官享受與絕頂快感。

在這個世上，性愛並不是一切。然而，我深深相信只要能將性愛當作一種眞正舒服的「愛的行爲」，那麼世上多數的男女問題幾乎都能迎刃而解。應該相親相愛的男女因爲一些小事而發生衝突，是因爲彼此都不想退讓，只懂得堅持己見。造成這種情形的最大原因，就是彼此都沒有站在對方的立場思考。人類可以藉由令人感到舒服的性愛來滿足根本的慾求，也能因此出乎意料地讓心情變得更加寬容自在。女性對於能夠滿足自己心靈與身體的男性，自然會退讓一步而順服。這就是大和撫子（譯註：指性格文靜、溫柔穩重，並且具有高尚美德的女性，也是傳統日本女性的代稱。）的本質。男性也不會罔顧後果地大肆展現男性威嚴，並以高高在上的態度來對待女性，因爲男性的威嚴已經澈底在床上展現出來了。

讓你眞正成爲性愛達人的關鍵字就是「氣」（性能量）。關於「氣」的敘述，本書花了很多篇幅來說明，這當然是因爲「氣的控制」就是克服早洩的必要課題，我眞正要表達的，是希望透過訓練過程的珍貴體驗，能讓更多男性察覺到「性愛的本質就是氣的交流」這個眞相。

心理訓練（Mental Training）目前在運動的領域中，是相當普及的事。事實上，雖然至今大家都沒有談論過相關議題，但心理層面對性愛來說也是一種比技巧更重要的男性力。這是爲什麼呢？因爲女性的感官慾望並不是受到技巧本身的挑動而引發，而是從心靈層面「被愛挑起」，女人就是這樣的生物。

就如字面所示，「氣」指的是「心意」。言語難以道盡的愛情也是一種心意，將這種心意傳達給女性的，就是性能量。而性能量的控制，正是在性愛過程中最爲重要的心理訓練。

性能量的控制並非一朝一夕就能學會，不過只要能夠意識到性能量的存在，就能確實產生氣的交流。這是你可以透過性來傳達愛給女性的好方法。被男人深愛的實際感受，會使女人的感官慾望變得更爲豐盈。你的訓練成果也會讓女人的性感受更爲活躍。

我由衷爲你的大逆轉加油！

愛的筆記

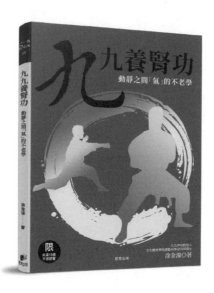

國家圖書館出版品預行編目資料

慢慢愛 Slow Sex：讓持久力大幅提升的超強秘訣 / 亞當德永著；劉又菘譯．— 初版．
— 臺中市：晨星，2020.01
面； 公分．—（SEX；049）
ISBN 978-986-443-958-4（平裝）

1.性知識

429.1 108020794

SEX 49

慢慢愛 Slow Sex：讓持久力大幅提升的超強秘訣

作者	亞當德永
譯者	劉又菘
總編輯	莊雅琦
特約文字編輯	楊如萍
文字校對	吳怡蓁、王大可
封面設計	陳其煇
排版	楊如萍

線上回函 填寫加入會員

創辦人	陳銘民
發行所	晨星出版有限公司 台中市407工業區30路1號 E-mail: health119@morningstar.com.tw 行政院新聞局局版台業字第2500號
法律顧問	陳思成律師
初版	西元2014年07月01日
二版	西元2020年01月23日
再版	西元2020年08月20日（二刷）

總經銷	知己圖書股份有限公司 台北市106辛亥路一段30號9樓 TEL：（02）23672044 / 23672047 FAX：（02）23635741 台中市407工業30路1號1樓 TEL：（04）23595819 FAX：（04）23595493 E-mail：service@morningstar.com.tw 網路書店 http://www.morningstar.com.tw
郵政劃撥	15060393（知己圖書股份有限公司）
讀者專線	（02）23672044
印刷	上好印刷股份有限公司

定價 350 元
ISBN 978-986-443-958-4